建筑业农民工职业技能培训教材

安装起重工

建设部干部学院　主编

华中科技大学出版社
中国·武汉

内 容 提 要

本书是按原建设部、劳动和社会保障部发布的《职业技能标准》、《职业技能岗位鉴定规范》内容，结合农民工实际情况，系统地介绍了安装起重工的基础知识以及工作中常用材料、机具设备、基本施工工艺、操作技术要点、施工质量验收要求、安全操作技术等。主要内容包括安装起重作业基本操作方法，起重运输作业设备，起重吊装工艺，构件的运输、堆放与拼装，混凝土预制构件吊装，设备运输与吊装，安装起重工安全操作技术。本书做到了技术内容最新、最实用，文字通俗易懂，语言生动，并辅以大量直观的图表，能满足不同文化层次的技术工人和读者的需要。

本书是建筑业农民工职业技能培训教材，也适合建筑工人自学以及高职、中职学生参考使用。

图书在版编目(CIP)数据

安装起重工/建设部干部学院 主编

—武汉：华中科技大学出版社，2009.5

建筑业农民工职业技能培训教材.

ISBN 978-7-5609-5292-5

Ⅰ.安… Ⅱ.建… Ⅲ.①建筑安装工程—技术培训—教材 ②结构吊装—技术培训—教材 Ⅳ.TU758

中国版本图书馆 CIP 数据核字(2009)第 049514 号

安装起重工 建设部干部学院 主编

封面设计：张 璐

责任编辑：卢继贤

责任监印：张正林

出版发行：华中科技大学出版社(中国·武汉)武昌喻家山

邮 编：430074

发行电话：(022)60266190 60266199(兼传真)

网 址：www.hustpas.com

印 刷：湖北新华印务有限公司

开本：710mm×1000mm 1/16 印张：7 字数：141 千字

版次：2009 年 5 月第 1 版 印次：2015 年 9 月第 4 次印刷 定价：17.00 元

ISBN 978-7-5609-5292-5/TU·581

《建筑业农民工职业技能培训教材》编审委员会名单

主编单位：建设部干部学院

编 审 组：（排名按姓氏拼音为序）

边　媒　邓祥发　丁绍祥　方展和　耿承达

郭志均　洪立波　籍晋元　焦建国　李鸿飞

彭爱京　祁政敏　史新华　孙　威　王庆生

王　磊　王维子　王振生　吴月华　萧　宏

熊爱华　张隆新　张维德

前　言

为贯彻落实《就业促进法》和(国发〔2008〕5号)《国务院关于做好促进就业工作的通知》文件精神，根据住房和城乡建设部［建人(2008)109号］《关于印发建筑业农民工技能培训示范工程实施意见的通知》要求，建设部干部学院组织专家、工程技术人员和相关培训机构教师编写了这套《建筑业农民工职业技能培训教材》系列丛书。

丛书结合原建设部、劳动和社会保障部发布的《职业技能标准》、《职业技能岗位鉴定规范》，以实现全面提高建设领域职工队伍整体素质，加快培养具有熟练操作技能的技术工人，尤其是加快提高建筑业农民工职业技能水平，保证建筑工程质量和安全，促进广大农民工就业为目标，按照国家职业资格等级划分的五级：职业资格五级(初级工)、职业资格四级(中级工)、职业资格三级(高级工)、职业资格二级(技师)、职业资格一级(高级技师)要求，结合农民工实际情况，具体以"职业资格五级(初级工)"和"职业资格四级(中级工)"为重点而编写，是专为建筑业农民工朋友"量身订制"的一套培训教材。

同时，本套教材不仅涵盖了先进、成熟、实用的建筑工程施工技术，还包括了现代新材料、新技术、新工艺和环境、职业健康安全、节能环保等方面的知识，力求做到了技术内容最新、最实用，文字通俗易懂，语言生动，并辅以大量直观的图表，能满足不同文化层次的技术工人和读者的需要。

丛书分为《建筑工程》、《建筑安装工程》、《建筑装饰装修工程》3大系列23个分册，包括：

一、《建筑工程》系列，11个分册，分别是《钢筋工》、《建筑电工》、《砌筑工》、《防水工》、《抹灰工》、《混凝土工》、《木工》、《油漆工》、《架子工》、《测量放线工》、《中小型建筑机械操作工》。

二、《建筑安装工程》系列，6个分册，分别是《电焊工》、《工程电气设备安装调试工》、《管道工》、《安装起重工》、《钳工》、《通风工》。

三、《建筑装饰装修工程》系列，6个分册，分别是《镶贴工》、《装饰装修木工》、《金属工》、《涂裱工》、《幕墙制作工》、《幕墙安装工》。

本书根据"安装起重工"工种职业操作技能，结合在建筑工程中实际的应用，针对建筑工程施工材料、机具、施工工艺、质量要求、安全操作技术等做了具体、详细的阐述。本书内容包括安装起重作业基本操作方法，起重运输作业设备，起重吊装工艺，构件的运输、堆放与拼装，混凝土预制构件吊装，设备运输与吊装，安装起重工安全操作技术。

本书对于正在进行大规模基础设施建设和房屋建筑工程的广大农民工人和技术人员都将具有很好的指导意义和极大的帮助，不仅极大地提高工人操作技能水平和职业安全水平，更对保证建筑工程施工质量，促进建筑安装工程施工新技术、新工艺、新材料的推广与应用都有很好的推动作用。

由于时间限制，以及编者水平有限，本书难免有疏漏和谬误之处，欢迎广大读者批评指正，以便本丛书再版时修订。

编　者

2009年4月

目　录

第一章　安装起重作业基本操作方法

一般所说的起重作业就是对设备进行装卸、运输和吊装，起重作业的基本操作方法有撬、滑与滚、顶与落、转、拨、提、扳等，对于不同的作业环境，其采用的方法各不相同，有时采用某一种方法即可，有时则是多种操作方法的组合。掌握这些基本操作方法才能在起重作业中巧妙及灵活运用，以达到简便、省力、高效、安全的目的。

一、撬

所谓撬即用撬棍使设备翘起或移动。它是具体运用杠杆原理的一种操作方法，适用于重量不大，移动距离小，起升高度低的设备的起重搬运。如图 1-1 所示。

使用撬棍抬高或搬运设备时，应尽量在撬棍的尾端用力，这样可增长力臂而省力，抬高设备时，一次抬高量不宜太大，应分多次完成，设备下面垫物时，严禁将手伸入设备下面，以防意外伤人，撬棍不得直接接触设备的精加工面，以免损伤设备，几根撬棍同时作业时，应统一指挥，动作协调。使用圆木作撬棍时，应仔细检查其质量，防止其在使用过程中断裂。

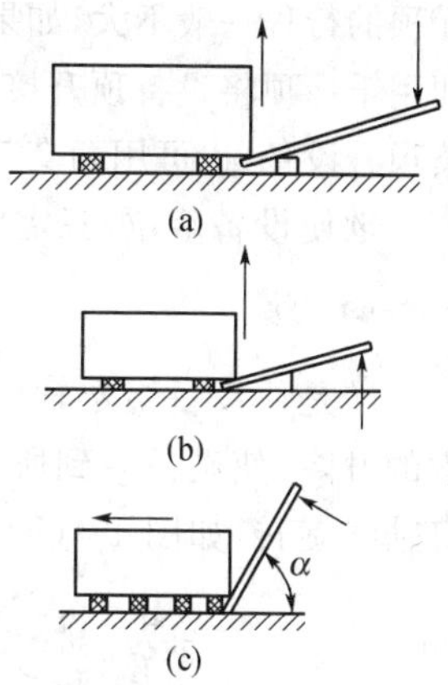

(a)

(b)

(c)

图 1-1　撬法说明

(a)基本撬法；(b)当 α 角较小时；(c)当 α 角较大时

二、滑与滚

滑是在人力、卷扬机或其他外力的牵引下，使设备沿着牵引方向的移动，在滑移设备时，牵引力只需克服设备与支撑面的摩擦阻力，即可移动设备，而摩擦力大小与设备重量、接触面材料，润滑等因素有关，因此，一般将设备放在拖排上滑移，也可用枕木和钢轨在地面上铺成平整光滑坚固的走道，使设备在走道上滑移，如图 1-2 所示。

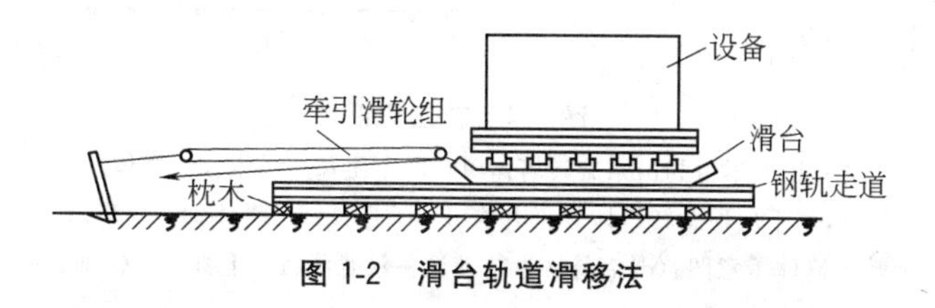

图 1-2　滑台轨道滑移法

滚是采用在拖排下铺设滚杠，使设备随着滚杠的滚动而移动，如图 1-3 所示，滚动摩阻比滑动摩擦阻力小，故安装工程中，对于重而大的设备，且运输线路较长弯道较多时，多采用这种滚的方法。

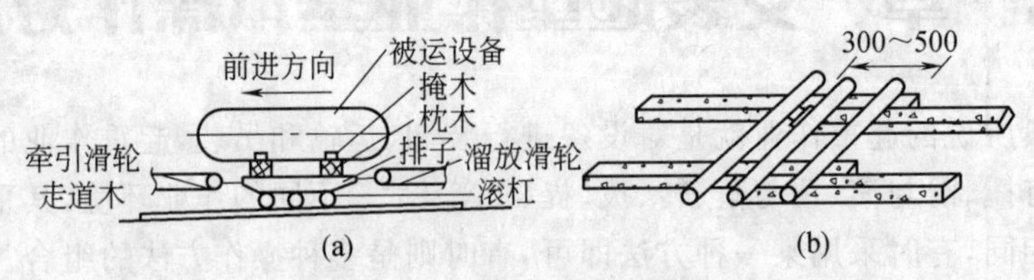

图 1-3　滚杠拖运示意图

(a)滚移法示意图；(b)走道木放置示意图

三、顶与落

顶与落是利用各种类型千斤顶，使设备作短距离的上升，下降或水平移动。千斤顶的行程一般不大，如果设备需顶升的高度超过其行程时，可采用多次顶升法，即用千斤顶将设备顶升接近满行程时，垫上枕木，降落千斤顶，然后垫高千斤顶，继续顶升设备（也可用两套千斤顶交替顶升以节省时间），直至达到所需高度。

欲使设备落位，只需将上述步骤反过来操作即可。

四、转

转是使设备绕定轴就地旋转一个角度，如容器类设备可利用捆扎设备的吊索的升降，使设备转到所需位置，如图 1-4(a)所示。亦可借助千斤顶使设备绕自身轴线旋转，如图 1-4(b)所示。

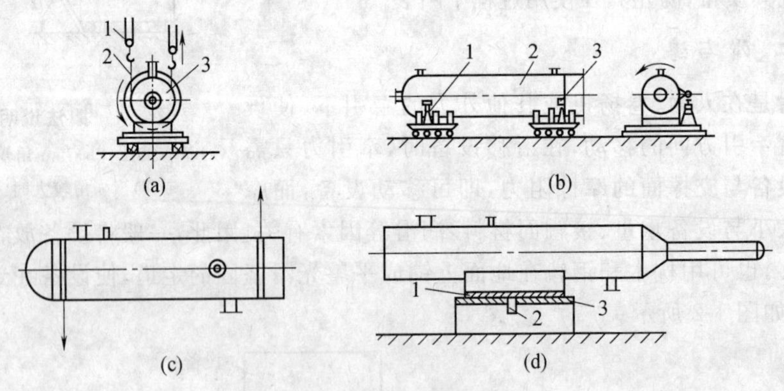

图 1-4　转法说明

(a)用滑车组和吊索旋转塔体(1—滑车组；2—吊索；3—塔体)；

(b)用千斤顶旋转塔体对正方位(1—千斤顶；2—塔体；3—支脚)；

(c)原地转动罐体示意图；(d)简易转盘转动设备示意图(1—上排；2—转轴；3—下排)

有时设备需在水平方位转动一定角度，当设备的重量和转动角度不大时，可在设备的两个端头用钢丝绳拉动，如图 1-4(c)所示，对于较大且较重的设备，可利用转向钢盘来旋转设备的方位，如图 1-4(d)所示。

五、拨

拨是用撬棍将设备撬起后，然后横向摆动撬棍的尾部，使设备绕支点移动一个角度或距离，达到使设备移动或转动的目的，如图 1-5 所示。

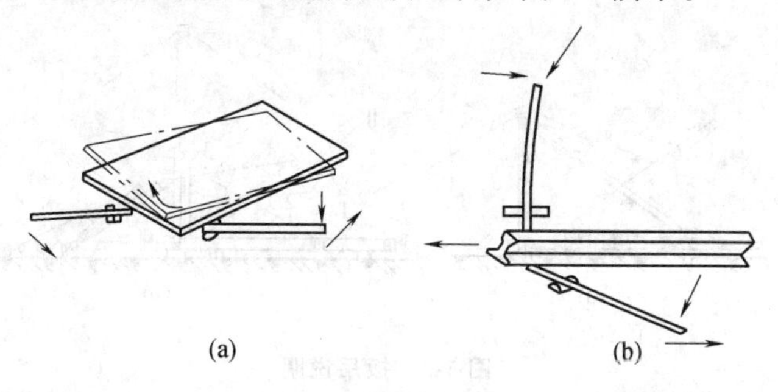

(a)　　(b)

图 1-5　拨法说明

(a)转动拨法；(b)移动拨法

用拨的方法转动的角度和移动距离都不大，根据实际需要，可用多次重复拨的方法使设备达到预定位置。

六、提

提即吊，它是利用各种类型的吊装机具(如起重机、桅杆、葫芦等)将设备吊起来，安装在预定的位置上。常见的提的操作方式有直接吊装法和滑移吊装法两种。

直接吊装法简单、方便、省时，在装卸车和中小型设备的就位中广泛使用，如图 1-6(a)所示。滑移法吊装适用于对重量和尺寸都较大的重型设备的吊装，它是用起重滑车组提升设备，且用其他附加机械来牵引或溜放，以控制垂直起吊和设备离地时的摆动。从而使设备平稳滑行吊起就位。如图 1-6(b)所示。

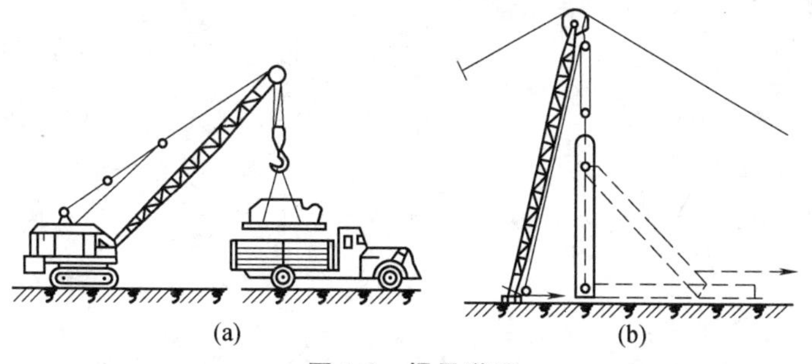

(a)　　(b)

图 1-6　提吊说明

(a)履带起重机提升吊装示意图；(b)桅杆滑移吊装示意图

七、扳

扳是使设备、构件在外力作用下，绕底部或铰链旋转竖起直至就位，此法适用于吊装高于起重机的设备或构件，如高塔、罐体、桅杆等。设备扳转就位一般可采用如图 1-7(a)所示的旋转法和如图 1-7(b)所示的扳倒法，扳倒法也称倒杆法。

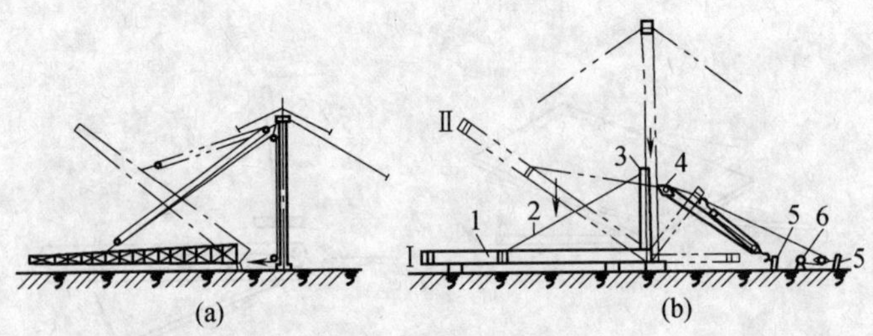

图 1-7　扳吊说明

(a)单桅杆旋转法扳起设备示意图；(b)倒杆竖立法操作步骤

1—桅杆；2—千斤索；3—辅助桅杆；4—起重滑车组；5—地锚；6—卷扬机

第二章　起重运输作业设备

第一节　索具与吊具

一、麻绳

麻绳在起重作业中，一般用于500 kg以内的重物的绑扎与吊装，或用作缆风绳、平衡绳、溜放绳等，具有轻便、柔软、易捆绑、价格低等优点，但其强度较低，耐磨性、耐蚀性较差。

麻绳按原料的不同一般可分为白棕绳、混合麻绳和线麻绳等几种，其中以白棕绳质量较好，应用较普遍。

白棕绳一般用于起吊轻型构件(如钢撑)和作为受力不大的缆风、溜绳等。

白棕绳是由剑麻茎纤维搓成线，线搓成股，再将股拧成绳。

白棕绳有三股、四股和九股三种，又有浸油和不浸油之分。浸油白棕绳不易腐烂，但质料变硬，不易弯曲，强度比不浸油的绳要降低10%～20%，为此在吊装作业中少用。不浸油白棕绳在干燥状态下，弹性和强度均较好，但受潮后易腐烂，因而使用年限较短。

1. 白棕绳的技术性能

白棕绳技术性能见表2-1。

表2-1　白棕绳技术性能

直径/mm	圆周/mm	每卷重量(长220 m)/kg	破断拉力/kN	直径/mm	圆周/mm	每卷重量(长220 m)/kg	破断拉力/kN
6	19	6.5	2.00	22	69	70	18.50
8	25	10.5	3.25	25	79	90	24.00
11	35	17	5.75	29	91	120	26.00
13	41	23.5	8.00	33	103	165	29.00
14	44	32	9.50	38	119	200	35.00
16	50	41	11.50	41	129	250	37.50
19	60	52.5	13.00	44	138	290	45.00
20	63	60	16.00	51	160	330	60.00

2. 麻绳的破断拉力计算

(1)麻绳负荷能力的估算。麻绳可以承受的拉力S(负荷能力)可用下式估算：

$$S \leqslant \frac{\pi d^2}{4}[\sigma] \text{ 或 } S \leqslant 25\pi d^2[\sigma] \tag{2-1}$$

式中 S——麻绳能承受的拉力(N)；

d——麻绳的直径(mm 或 cm)；

$[\sigma]$——麻绳的许用应力(MPa)见表 2-2。

表 2-2 麻绳许用应力$[\sigma]$值表 (单位:MPa)

种类	起重用	捆扎用	种类	起重用	捆扎用
混合麻绳	5.5		浸油白棕绳	9	4.5
白棕绳	10	5			

(2)麻绳允许拉力验算。为保证起重作业安全，须对所使用的麻绳进行强度验算，其验算公式如下：

$$[P] = \frac{S_p}{K} \tag{2-2}$$

式中 $[P]$——麻绳使用时的允许拉力(N)；

S_p——麻绳的破断拉力(N)；

K——安全系数(见表 2-3)。

表 2-3 麻绳安全系数 K

使用场所	混合麻绳	白棕绳
地面水平运输设备、作溜绳	5	3
空中挂吊设备	8	6
载人	不准用	10～15

3. 麻绳使用注意事项

(1)麻绳穿绕滑车时，滑轮的直径应大于绳直径的10 倍。

(2)成卷白棕绳在拉开使用时，应先把绳卷平放在地上，将有绳头的一面放在底下。从卷内拉出绳头(如从卷外拉出绳头，绳子就容易扭结)，然后根据需要的长度切断。切断前应用细铁丝或麻绳将切断口两侧的麻绳扎紧，以防止切断后绳头松散。

(3)麻绳在使用中，如发生扭结，应设法抖直，否则绳子受拉时容易拉断。有绳结的白棕绳不应通过滑车等狭窄的地方，以免绳子受到额外压力而降低强度。

(4)麻绳应放在干燥和通风良好的地方，以免腐烂，不要和油漆、酸、碱等化学物品接触，以防腐蚀。

(5)使用麻绳时应尽量避免在粗糙的构件上或地上拖拉。绑扎边缘锐利的构件时，应衬垫麻袋、木板等物。

二、钢丝绳

钢丝绳是起重吊装作业中的主要绳索，具有强度高、弹性大、韧性好、耐磨、能承受冲击载荷等优点，且磨损后外部产生许多毛刺，容易检查，便于预防事故，因而在起重吊装作业中被广泛应用，可用作起重、牵引、捆绑及张紧等。

1. 钢丝绳的构造和种类

结构吊装中常用的钢丝绳是由六束绳股和一根绳芯（一般为麻芯）捻成，绳股是由许多高强钢丝捻成（图 2-1）。

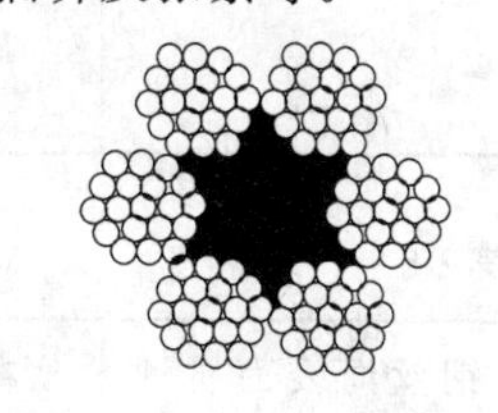

图 2-1 普通钢丝绳截面

钢丝绳按其捻制方法分有右交互捻、左交互捻、右同向捻、左同向捻四种（图 2-2）。

同向捻钢丝绳中钢丝捻的方向和绳股捻的方向一致；交互捻钢丝绳中钢丝捻的方向和绳股捻的方向相反。

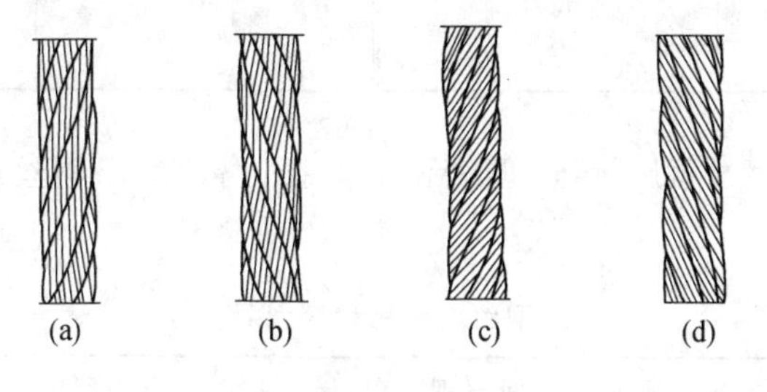

图 2-2 钢丝绳捻制方法

(a)右交互捻(股向右捻，丝向左捻)；(b)左交互捻(股向左捻，丝向右捻)；
(c)右同向捻(股和丝均向右捻)；(d)左同向捻(股和丝均向左捻)

同向捻钢丝绳比较柔软、表面较平整，与滑轮或卷筒凹槽的接触面较大，磨损较轻，但容易松散和产生扭结卷曲，吊重时容易旋转，故吊装中一般不用；交互捻钢丝绳较硬，强度较高，吊重时不易扭结和旋转，吊装中应用广泛。

钢丝绳按绳股数及每股中的钢丝数区分有：6 股 7 丝、7 股 7 丝、6 股 19 丝、6 股 37 丝及 6 股 61 丝等。吊装中常用的有 6×19、6×37 两种：6×19 钢丝绳可作缆风和吊索；6×37 钢丝绳用于穿滑车组和作吊索。

2. 钢丝绳的安全检查

钢丝绳使用一定时间后，就会产生断丝、腐蚀和磨损现象，其承载能力减低。一般规定钢丝绳在一个节距内断丝的数量超过表 2-4 的数字时就应当报废，以免造成事故。

在钢丝绳表面有磨损或腐蚀情况时，钢丝绳的报废标准按表 2-5 所列数值降低。

表 2-4　　钢丝绳报废标准(一个节距内的断丝数)

采用的安全系数	钢丝绳种类					
	6×19		6×37		6×61	
	交互捻	同向捻	交互捻	同向捻	交互捻	同向捻
5 以下	12	6	22	11	36	18
6～7	14	7	26	13	38	19
7 以上	16	8	30	15	40	20

表 2-5　　钢丝绳报废标准降低率

钢丝绳表面腐蚀或磨损程度(以每根钢丝的直径计)%	在一个节距内断丝数所列标准乘下列系数	钢丝绳表面腐蚀或磨损程度(以每根钢丝的直径计)%	在一个节距内断丝数所列标准乘下列系数
10	0.85	25	0.60
15	0.75	30	0.50
20	0.70	40	报废

断丝数没有超过报废标准，但表面有磨损、腐蚀的旧钢丝绳，可按表 2-6 的规定使用。

表 2-6　　钢丝绳合用程度判断

类别	钢丝绳表面现象	合用程度	使用场所
Ⅰ	各股钢丝位置未动，磨损轻微，无绳股凸起现象	100%	重要场所
Ⅱ	1. 各股钢丝已有变位、压扁及凸出现象，但未露出绳芯； 2. 个别部分有轻微锈痕； 3. 有断头钢丝，每米钢丝绳长度内断头数目不多于钢丝总数的 3%	75%	重要场所
Ⅲ	1. 每米钢丝绳长度内断头数目超过钢丝总数的 3%，但少于 10%； 2. 有明显锈痕	50%	次要场所
Ⅳ	1. 绳股有明显扭曲、凸出现象； 2. 钢丝绳全部均有锈痕刮去后钢丝上留有凹痕； 3. 每米钢丝绳长度内断头数超过 10%，但少于 25%	40%	不重要场所或辅助工作

3. 钢丝绳的许用拉力计算

(1)钢丝绳破断拉力估算。钢丝绳的破断拉力与钢丝质量的好坏和捻绕结构有关，其近似计算公式为

$$S_b = Fn\phi\sigma_b = \frac{\pi d^2}{4}n\phi\sigma_b \tag{2-3}$$

式中　S_b——钢丝绳的破断拉力(N)；

F——钢丝绳每根钢丝的截面积(mm^2)；

d——钢丝绳中每根钢丝的直径(mm)；

n——钢丝绳中钢丝的总根数；

σ_b——钢丝绳中每根钢丝的抗拉强度(MPa)；

ϕ——钢丝绳中钢丝捻绕不均匀而引起的受载不均匀系数，其值见表2-7。

表 2-7　钢丝绳中钢丝绳捻绕不均匀而引起受载不均匀系数 ϕ 值

钢丝绳规格	6×19+1	6×37+1	6×61+1
ϕ 值	0.85	0.82	0.80

如现场缺少资料时，也可用如下公式估算钢丝绳的破断拉力 S_b：

当强度极限为 1400 MPa 时，$S_b=430d^2$；

当强度极限为 1550 MPa 时，$S_b=470d^2$；

当强度极限为 1700 MPa 时，$S_b=520d^2$；

当强度极限为 18500 MPa 时，$S_b=570d^2$；

当强度极限为 2000 MPa 时，$S_b=610d^2$。

式中　S_b——破断拉力(N)；

d——钢丝绳直径(mm)。

(2)钢丝绳的许用拉力计算。

钢丝绳使用中严禁超载，须注意在不超过钢丝绳破断拉力的情况下使用也不一定安全，必须严格限制其在许用应力下使用。钢丝绳在使用中可能受到拉伸、弯曲、挤压和扭转等的作用，当滑轮和卷筒直径按允许要求设计时，钢丝绳可仅考虑拉伸作用，此时钢丝绳的许用拉力计算公式为：

$$P = \frac{S_b}{K} \tag{2-4}$$

式中　P——钢丝绳的许用拉力(N)；

S_b——钢丝绳的破断拉力(N)；

K——钢丝绳的安全系数(见表 2-8)

由上式可知：知道钢丝绳的许用拉力和安全系数，就可以知道钢丝绳的破断拉力。

表 2-8　　钢丝绳安全系数 K 值

使用情况	安全系数 K 值	使用情况	安全系数 K 值
作缆风绳用	3.5	用于吊索，无弯曲	6～7
用于手动起重设备	4.5	用于绑扎吊索	8～10
用于机动起重设备	5.5	用于载人升降机	14

从表 2-6 可知各种不同用途钢丝绳的安全系数值，如电动卷扬机钢丝绳的安全系数应大于 5。

4. 钢丝绳使用注意事项

(1)钢丝绳解开使用时，应按正确方法进行，以免钢丝绳产生扭结。钢丝绳切断前应在切口两侧用细铁丝捆扎，以防切断后绳头松散。

(2)钢丝绳穿过滑轮时，滑轮槽的直径应比绳的直径大 1～2.5 mm。滑轮槽过大钢丝绳容易压扁，过小则容易磨损。滑轮的直径不得小于钢丝绳直径的 10～12倍，以减小绳的弯曲应力。禁止使用轮缘破损的滑轮。

(3)应定期对钢丝绳加润滑油(一般以工作时间 4 个月左右加一次)。

(4)存放在仓库里的钢丝绳应成卷排列，避免重叠堆置。库中应保持干燥，以防钢丝绳锈蚀。

(5)在使用中，如绳股间有大量的油挤出，表明钢丝绳的荷载已相当大，这时必须勤加检查，以防发生事故。

5. 钢丝绳末端的连接方法

钢丝绳在使用时需要与其他承载零件连接，常用连接方法有以下几种。

(1)编绕法，如图 2-3(a)所示，将钢丝绳的一端绕过心形套环后与工作分支用细钢丝扎紧，捆扎长度 $L=(20\sim25)d$(d 为钢丝绳直径)，同时不应小于 300 mm。

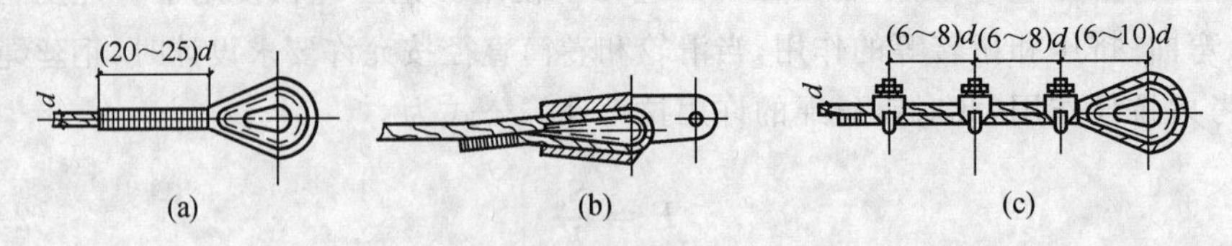

图 2-3　钢丝绳末端固定法

(a)编绕法；(b)楔形套筒固定法；(c)绳卡固定法

(2)楔形套筒固定法，如图 2-3(b)所示，将钢丝绳的一端绕过一个带槽的楔子，然后将其一起装入一个与楔子形状相配合的钢制套筒内，这样钢丝绳在拉力作用下便越拉越紧，从而使绳端固定。此法装拆简便，但不适用于受冲击载荷的情况。

(3)绳卡固定法，如图 2-3(c)所示，将钢丝绳的一端绕过心形套环后用绳卡固紧。常用的钢丝绳卡有骑马式、握拳式和压板式，如图 2-4 所示，其中应用最广泛的是骑马式。

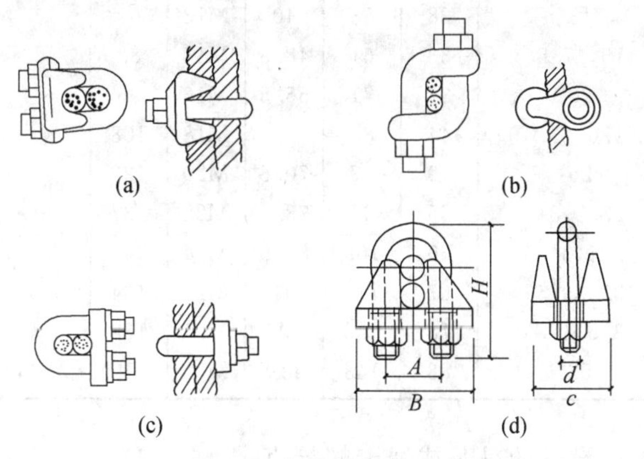

图 2-4　钢丝绳卡的种类

(a)骑马式；(b)握拳式；(c)压板式；(d)骑马式绳卡规格尺寸

用绳卡连接钢丝绳既牢固又拆卸方便，但由于绳卡螺栓使钢丝绳运动受到阻碍，如不能穿过滑轮、卷筒等，其使用范围受到限制，绳卡联结常用于缆风绳、吊索等固定端的连接上，也常用于钢丝绳捆绑物体时的最后卡紧。

绳卡具体使用时要注意以下几点。

1)绳卡的规格大小应与钢丝绳直径相符，严禁代用(大代小或小代大)或在绳卡中加垫料来夹紧钢丝绳，具体可按表 2-9 选择相应规格的绳卡，使用时绳卡之间排列间距为钢丝绳直径的 8 倍左右，且最末一个绳卡离绳头的距离，一般为 150～200 mm，最少不得小于 150 mm，绳卡使用的数量应根据钢丝绳直径而定，最少使用数量不得少于 2 个，具体可见表 2-9。

2)使用绳卡时，应将 U 形环部分卡在绳头(即活头)一边，这是因为 U 形环对钢丝绳的接触面小，使该处钢丝绳强度降低较多，同时由于 U 形环处被压扁程度较大，若钢丝绳有滑移现象，只可能在主绳一边，对安全有利。

3)绳卡螺栓应拧紧，以压扁钢丝绳直径的 1/3 左右为宜，绳卡使用后要检查螺栓丝扣有无损坏。暂不用时在丝扣部位涂上防锈油，归类保存在干燥处。

4)由于钢丝绳受力产生拉伸变形后，其直径会略为减少。因此，对绳卡须进行二次拧紧，对中、大型设备吊装，还可在绳尾部加一个观察用保险绳卡，如图 2-5所示。

表 2-9　　　　骑马式钢丝绳卡型号规格

型号	常用钢丝绳直径	*A*	*B*	*c*	*d*	*H*	绳卡数量	绳卡间距
Y_1－6	6.5	14	28	21	M6	35	2	70
Y_2－8	8.8	18	36	27	M8	44	2	80
Y_3－10	11	22	43	33	M10	55	3	100
Y_4－12	13	28	53	40	M12	69	3	100
Y_5－15	15,17.5	33	61	48.5	M14	83	3	100～120
Y_6－20	20	39	71	55.5	M16	96	4	120
Y_7－22	21.5,23.5	44	80	63	M18	108	4～5	140～150
Y_8－23	26	49	87	70.5	M20	122	5	170
Y_9－28	28.5,31	55	97	78.5	M22	137	5～6	180～200
Y_{10}－32	32.5,34.5	60	105	85.5	M24	149	6～7	210～230
Y_{11}－40	37,39.5	67	112	94	M24	164	8	250～270
Y_{12}－45	43.5,47.5	78	128	107	M27	188	9～10	290～310
Y_{13}－50	52	88	143	119	M30	210	11	330

5)对大型重要设备的吊装或绳卡螺栓直径$d \geqslant 20$ mm时，当钢丝绳受力后，应对尾卡螺栓再次拧紧。

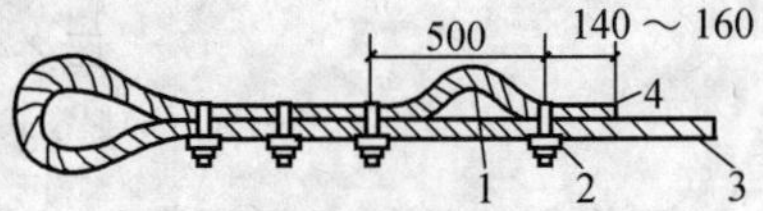

图 2-5　保险绳卡示意图

1—安全弯；2—保险绳卡；3—主绳；4—绳头

三、吊具及安装

起重作业中需用各种形式的吊具，如卸扣、吊钩与吊环、平衡梁等。

1. 卸扣

卸扣又称卸甲或吊环，由弯环和横销两部分组成。弯环有直环形和马蹄形两种；横销有螺纹式和销孔式等。鼻子扣的承载能力一般为 10～15 kN，甚至几千牛顿。

使用卸扣时，其连接的绳索或吊环应一根套在弯环上，一根套在横销上，不允许分别套在卸扣的两处直段上，使卸扣受横向力，如图 2-6 所示。

2. 吊钩和吊环

吊钩有单钩和双钩两种，如图 2-7 所示。

吊钩材料为 20 号优质碳素结构钢或 16 Mn 钢，中小起重量的吊钩一般锻造制成，大起重量的吊钩采用钢板铆合。

吊环一般是电动机、减速机等设备在安装或检修时用作起吊的一种固定吊具。

3. 平衡梁

平衡梁又称横吊梁或铁扁担，其形式很多，一般可分为支撑式和扁担式两类，如图 2-8 所示。一般吊索的水平夹角以 45°～60°为宜。

扁担式平衡梁吊索较短，且不产生水平分力，主要传递荷载，由梁承受弯矩，多用于吊大型桁架、屋架等，如图 2-9 所示。

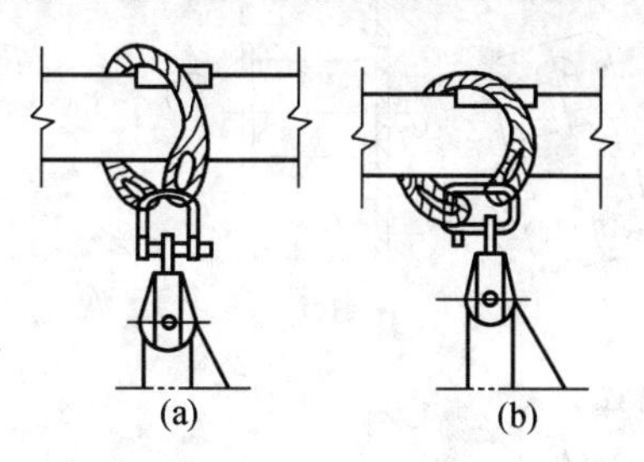

图 2-6　卸扣的安装

(a)正确；(b)错误

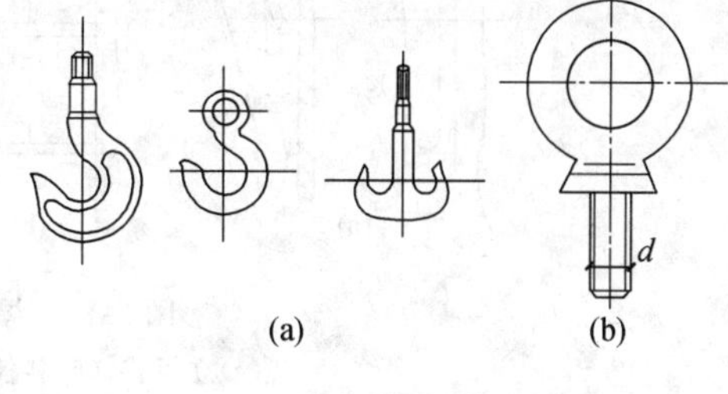

图 2-7　吊钩与吊环

(a)吊钩；(b)吊环

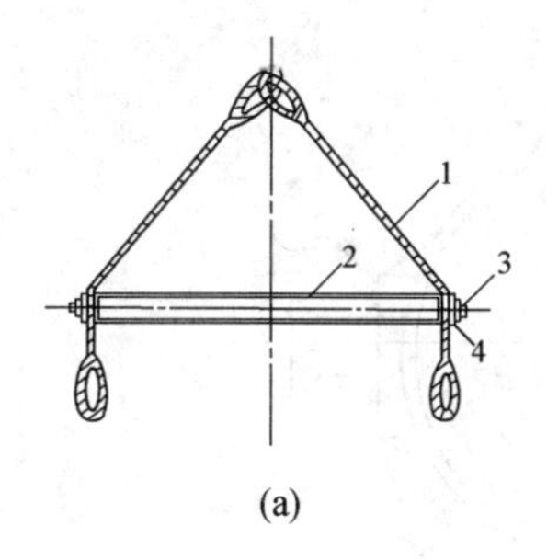

图 2-8　平衡梁种类

(a)支撑平衡梁使用示意图；(b)扁担式平衡梁示意图

1—吊索；2—横吊梁；3—螺帽；

4—压板；5—吊环；6—吊攀(吊耳)

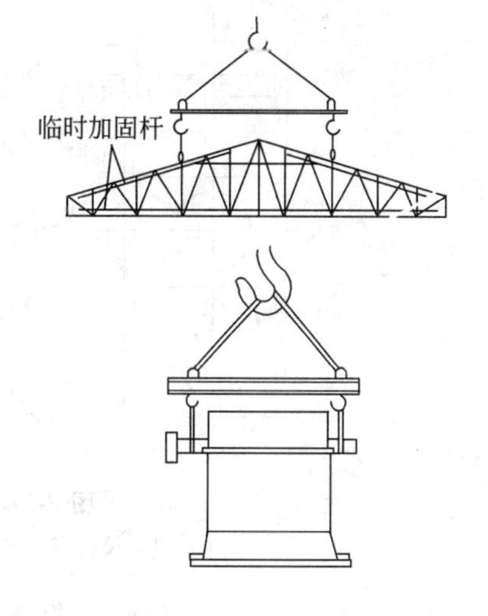

图 2-9　用平衡梁吊装屋架及其他设备

4. 吊耳

吊耳分焊接吊耳和卡箍式吊耳，如图 2-10、图 2-11 所示。焊接吊耳分板式吊耳和管轴式吊耳。

四、卷扬机

卷扬机种类较多，按驱动方式有手摇卷扬机和电动卷扬机之分。

1. 手摇卷扬机

手摇卷扬机又称手摇绞车，多用于起重量不大的起重作业或配合桅杆起重机等作垂直起吊工作，起重量有 0.5t、1t、3t、5t、10t 等几种，常用的移动式手摇卷扬机技术规格见表 2-10。

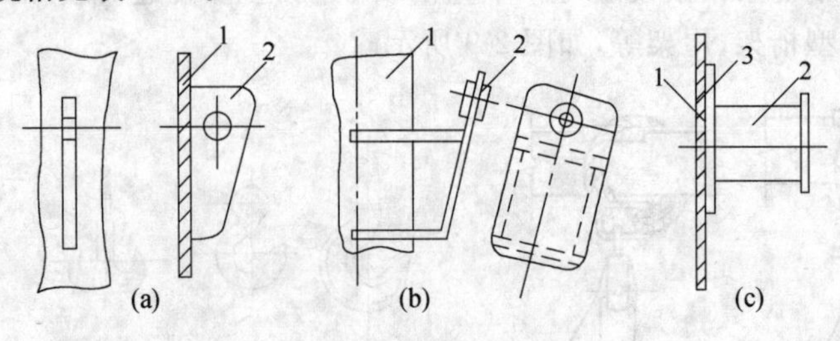

图 2-10　焊接吊耳

(a)立板式；(b)斜板式；(c)管轴式

1—设备；2—吊耳；3—加强板圈

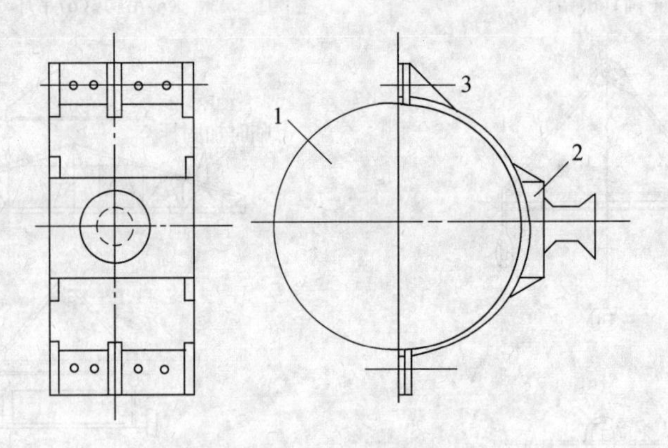

图 2-11　卡箍式吊耳

1—设备；2—卡箍吊耳；3—连接螺栓

表 2-10　　移动式手摇卷扬机技术规格和性能

项　目		单位	0.5 型	1 型	3 型	5 型
最外层额定牵引力		N	5000	10000	30000	50000
卷筒	直径	mm	130	180	200	280
	宽度	mm	460	500	520	670
	容绳长度	m	100	150	200	200
	缠绕层数	层	4	5	7	6
钢丝绳直径		mm	7.7	11	15.5	18.5

手摇卷扬机的升降速度快慢是通过改变齿轮传动比来实现的，随着起重量的增大，齿轮传动的总传动比也应增大。

2. 电动卷扬机

电动卷扬机按滚筒形式分有单滚筒和双滚筒两种，按传动形式有可逆式和摩擦式之分，其起重量有多种规格，常用电动卷扬机的规格和技术性能见表 2-11。

表 2-11　常用电动卷扬机规格和技术性能

类型	起重能力 /t	滚筒直径×长度 /mm	平均绳速 /(m/min)	缠绳量 /(m/直径)	电动机功率 /kW
单滚筒	1	ϕ200×350	36	200/ϕ12.5	7
单滚筒	3	ϕ340×500	7	110/ϕ12.5	7.5
单滚筒	5	ϕ400×840	7.8	190/ϕ24	11
双滚筒	3	ϕ350×500	27.5	300/ϕ16	28
双滚筒	5	ϕ220×600	32	500/ϕ22	40
单滚筒	7	ϕ800×1050	6	1000/ϕ31	20
单滚筒	10	ϕ750×1312	6.5	1000/ϕ31	22
单滚筒	20	ϕ850×1324	10	600/ϕ42	55

卷扬机的主要工作参数是它的牵引力，钢丝绳的速度和钢丝绳的容量。

一般可逆齿轮箱式卷扬机牵引速度慢，牵引力大，荷重下降时安全可靠，适用于设备的安装起重作业。

可逆式电动卷扬机如图 2-12 所示，它由电动机、减速齿轮箱、滚筒、电磁制动器、可逆控制器及底盘等组成，其传动示意图如图 2-13 所示。

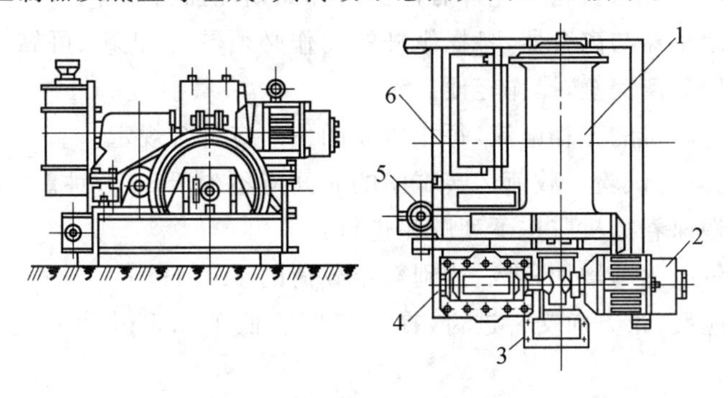

图 2-12　可逆式电动卷扬机

1—卷筒；2—电动机；3—电磁式闸瓦制动器；4—减速箱；5—控制开关；6—电阻箱

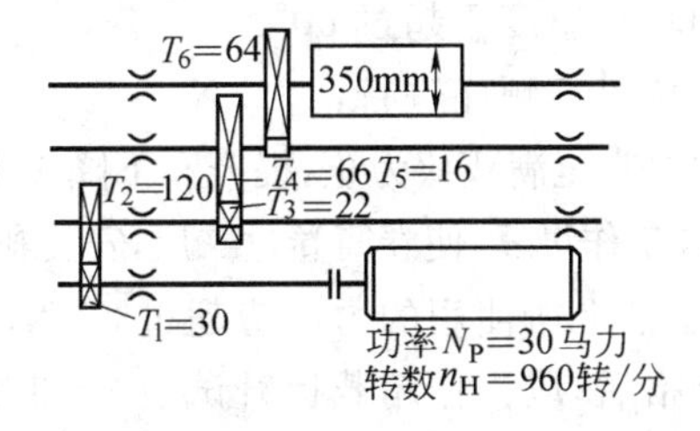

图 2-13　可逆式电动卷扬机传动示意图

电动卷扬机牵引力大小与电动机功率、钢丝绳速度和效率有关，其计算公式为：

$$S=1020\frac{N}{V}\eta \tag{2-5}$$

式中 S——牵引力(N)；

N——电动机功率(kW)；

V——钢丝绳的速度(m/s)；

η——总效率，一般取 0.65～0.70。

3. 电动卷扬机的试验

电动卷扬机是重要的起重机械，在使用前须进行安全性能检查，其检查步骤及试验项目为先进行外部检查和进行空载试验，合格后再进行载荷运转试验。

(1)空载荷试验。

1)有条件时应在试验架上进行。否则应将卷扬机安装可靠后，才能进行试验。供电线路及接地装置必须合乎规定。电动机在额定载荷工作时，电源电压与额定电压偏差应符合规定。

2)空运转试验不少于 10 分钟，机器运转正常，各转动部分必须平稳，无跳动和过大的噪声。传动齿轮不允许有冲击声和周期性强弱声音。

3)试验制动器与离合器，各操纵杆的动作必须灵活、正确、可靠，不得有卡住现象。离合器分离完全，操作轻便。

4)测定电动机的三相电流，每相电流的偏差应符合规定。

(2)载荷运转试验。载荷运转试验的时间应不少于 30 分钟。

1)对于慢速卷扬机应按下列顺序进行：

①载荷量应逐渐增加，最后达到额定载荷的 110%；

②运转应反、正方向交替进行，提升高度不低于 2.5 m，并在悬空状态进行启动与制动；

③运转时试验制动器，必须保持工作可靠，制动时钢丝绳下滑量不超过 50 mm；

④运转中涡轮箱和轴承温度不超过 60℃。

2)对快速卷扬机应按以下顺序进行：

①载荷量应逐渐增加，直至满载荷为止，提升和下降按下列操作方法，试验安全制动各 2～3 次，每次均应工作可靠，使卷筒卷过二层，安装刹车柱的指示销；

②操作制动器时，手柄上所使用的力不应超过 80 N；

③在满载荷试验合格后，应再作超载提升试验 2～3 次，超载量为 10%；

④在试验中轴承温度应不超过 60℃；

⑤测定载荷电流，满载时的稳定电流和最大电流应符合原机要求。

试运转后，检查各部固定螺栓应无松动，齿轮箱密封良好、无漏油，齿轮啮合面达到要求。

4. 电动卷扬机使用注意事项

卷扬机及滑车的选配时其依据主要是设备的高度及起吊速度，施工中应根据具体情况合理选择。

(1)卷扬机应安装在平坦、坚实、视野开阔的地点，布置方位应正确，固定牢靠，可采用地锚或利用就近的钢筋混凝土基础，对较长期定位使用的卷扬机，则可浇筑钢筋混凝土基础，短期使用者应将机座牢固置于木排上，机座木排前面打桩，后面加压力平衡，以防滑动或倾覆。长期置于露天的卷扬机应设防雨棚。

(2)卷筒上的钢丝绳应分层排列整齐，且不得高于端部挡板，绳头在卷筒上应卡固牢靠，所选用的钢丝绳的直径应与卷筒相匹配，亦即卷扬机卷筒直径与所用钢丝绳的直径有关，一般卷筒直径是钢丝绳的16～25倍。

(3)卷扬机操作者须经专业考试合格持证上岗，熟悉卷扬机的结构、性能及使用维护知识，严格按规程操作，在进行大型吊装作业及危险作业时，除操作者外，应设专人监护卷扬机运行情况，发现异常及时处理并报告总指挥者。使用两台或多台卷扬机吊装同一重物时，其卷扬机的牵引速度和起重量等参数应尽量相同(或相符)并须统一指挥、统一行动，做到同步起升或降落。

(4)卷扬机的维护保养。

在起吊及运输设备过程中，卷扬机的好坏将直接影响到设备的安全、可靠吊装与运输，故需加强卷扬机的维护保养。

1)日常维护保养。应经常保持机械、电气部分清洁，各活动部分充分润滑，经常需检查各部件连接情况是否正常，制动器、离合器、轴承座、操作控制器等是否牢靠，动作是否失灵。出现问题及时更换；经常检查钢丝绳状况，连接是否牢固，有无磨损断丝，出现问题及时处理或更换，工作结束后应收拢钢丝绳，加上防护罩，断开电源，拔出保险。

2)定期维护保养。一般卷扬机工作100～300小时后应进行一级维护，即对机械部分进行全面清洗，重新润滑，检查各部分工作状况，更换或补充润滑油至规定油位。卷扬机工作600小时后，应进行二级维护，其内容为测定电机绝缘电阻，拆检电动机，减速器、制动器及电源系统，清洗电动机轴承，更换润滑油，详细检查钢丝绳的质量状况等。

五、手动、电动葫芦

1. 手拉葫芦

手拉葫芦又称神仙葫芦、链条葫芦或捯链，是一种使用简便、易于携带、应用广泛的手动起重机械。它适用于小型设备和重物的短距离吊装，起重量一般不超过 10 t,最大的可达 20 t,起重高度一般不超过 6 m。

手拉葫芦的构造如图 2-14 所示,主要由链轮、手拉链、传动机械、起重链及上下吊钩等几部分组成。

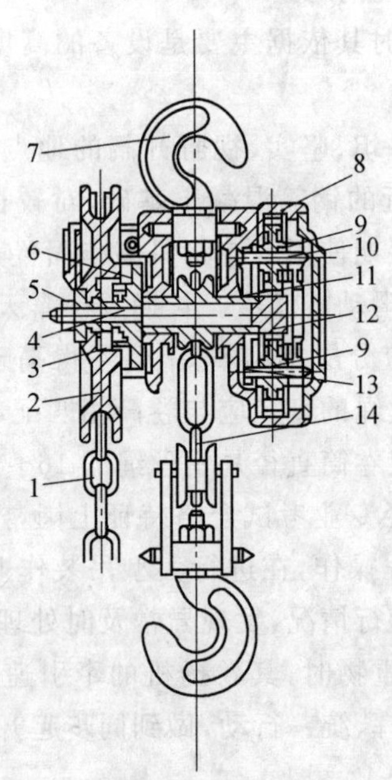

图 2-14 手拉葫芦(手动链式起重机)

1—手拉链;2—链轮;3—棘轮圈;4—链轮轴;5—圆盘;6—摩擦片;7—吊钩;
8—齿圈;9—齿轮;10—齿轮轴;11—起重链轮;12—齿轮;13—驱动机构;14—起重链子

目前使用较多的是国产 HS 手拉葫芦,其规格见表 2-12。

表 2-12 HS 手拉葫芦技术性能表

型 号	HS½	HS1	HS1½	HS2	HS2½	HS3	HS5	HS7½	HS10	HS15	HS20
起重量/t	0.5	1	1.5	2	2.5	3	5	7.5	10	15	20
标准起升高度/m	2.5	2.5	2.5	2.5	2.5	3	3	3	3	3	3
满载链拉力/N	197	310	350	320	390	350	350	395	400	415	400
净重	70	100	150	140	250	240	240	480	680	1050	1500

手拉葫芦具有体积小、重量轻、结构紧凑、手拉力小、携带方便、使用安全等特点,它不仅用于吊装,还可用于桅杆、缆风绳的张紧,设备短距离的水平拖动乃至找平、找正等,应用十分广泛,一般起吊重物时常将其与三脚架配合使用。

手拉葫芦使用注意事项如下。

(1)使用前应检查其传动、制动部分是否灵活可靠,传动部分应保持良好润滑,但润滑油不能渗至摩擦片上,以防影响制动效果,链条应完好无损,销子牢固可靠,查明额定起重能力,严禁超载使用。手拉葫芦当吊钩磨损量超过 10%,必须更换新钩。

(2)使用时,拉链中应避免小链条跳出轮槽或吊钩链条打扭,在倾斜或水平方向使用时,拉链方向应与链轮方向一致,以防卡链或掉链,接近满负载时,小链拉力应在 400N(40 kgf)以下,如拉不动应查明原因,不得以增加人数的方法强拉硬拽。使用中链条葫芦的大链严禁放尽,至少应留 3 扣以上;

(3)已吊起的设备需停留时间较长时,必须将手拉链拴在起重链上,以防时间过久而自锁失灵,另外除非采取了其他能单独承受重物重量吊挂或支承的保护措施,否则操作人员不得离开。

2. 电动葫芦

电动葫芦是把电动机、减速器,卷筒及制动装置等组合在一起的小型轻便的起重设备。它结构紧凑,轻巧灵活,广泛应用于中小物体的起重吊装工作中,它可以固定悬挂在高处,仅作垂直提升,也可悬挂在可沿轨道行走的小车上,构成单梁或简易双梁吊车。电动葫芦操作也很方便,由电动葫芦上悬垂下一个按钮盒,人在地面即可控制其全部动作。

电动葫芦的构造如图 2-15 所示,卷筒位于中央,电动机位于两侧。

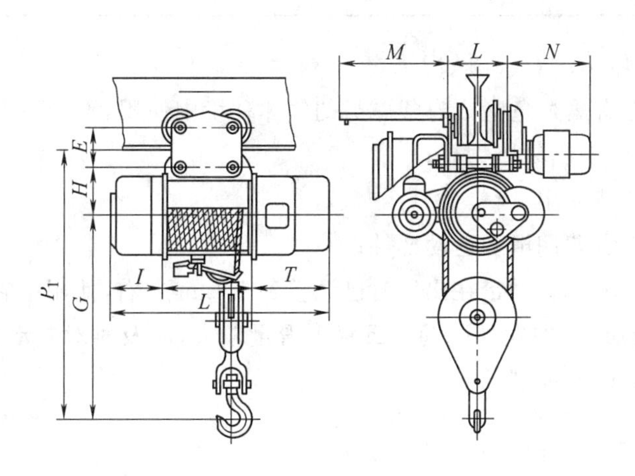

图 2-15 电动葫芦的构造

国产 CD 和 MP 型(双速)电葫芦其起重量为 0.5～10 t,起升高度 6～30 m,起升速度一般为 8 米/分钟,用途较广,另外,MD 型双速电动葫芦还有一个 0.8 米/分钟的低速起升速度,可用作精密安装装夹工件等要求精密调整的工作。电动葫芦技术性能见表 2-13。

表 2-13　　CD、MD 型电动葫芦技术性能

型号	起升重力/kN	起升速度/(m/min)	运行速度/(m/min)	钢丝绳直径/mm	电动机						自重/kN
					主起升		辅起升		运行		
					功率/kW	转速/(r/min)	功率/kW	转速/(r/min)	功率/kW	转速/(r/min)	
CD MD 0.5	5	8	20		0.8	1380	0.2	1380	0.2	1380	1.2～1.63
CD MD 1	10	8	20 30 60	7.6	1.5	1380	0.2	1380	0.4	1380	1.47～2.22
CD MD 2	30	8	20 30 60	11	3	1380	0.4	1380	0.4	1380	2.35～3.95
CD MD 3	30	8	20 30 60	13	4.5	1380	0.4	1380	0.4	1380	2.9～4.4
CD MD 5	50	8	20 30 60	15.5	7.5	1380	0.8	1380	0.8	1380	4.6～6.9
CD MD 10	100	7	20	15.5	13	1400			0.75×2	1380	10.4～13.8

电动葫芦使用注意事项如下。

(1)不能在有爆炸危险或有酸碱类的气体环境中使用，不能用于运送熔化的液体金属及其他易燃易爆物品；

(2)不准超载使用；

(3)按规定定期润滑各运动部件；

(4)电动机轴向移动量在出厂时已调整到 1.5 m 左右，使用中它将随制动环的磨损而逐渐加大，如发现制动后重物下滑量较大，应及时对制动器进行调整，直至更换新环，以保证制动安全。

六、千斤顶

千斤顶按结构分类有齿条式千斤顶、螺旋千斤顶和液压千斤顶三种。

1. 齿条式千斤顶

齿条千斤顶由手柄、棘轮、棘爪、齿轮和齿条组成，如图 2-16 所示。它的起重能力一般为 3～5 t，最大起重高度 400 mm，齿条千斤顶升降速度快，能顶升离地面较低的设备，操作时，转动千斤顶上的手柄，即可顶起设备，停止转动时，靠

棘爪、棘轮机构自锁。设备下降时，放松齿条式千斤顶，注意不能突然下降，使棘爪与棘轮脱开，要控制手柄缓慢地逆动，防止设备重力驱动手柄飞速回转而致事故发生。

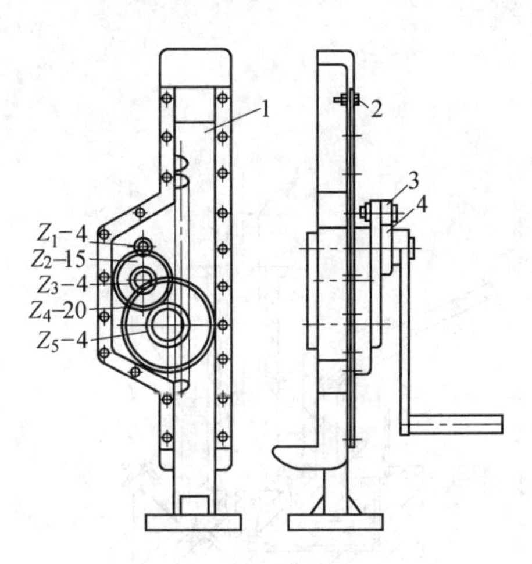

图 2-16　齿条式千斤顶

1—齿条；2—连接螺钉；

3—棘爪；4 —棘轮

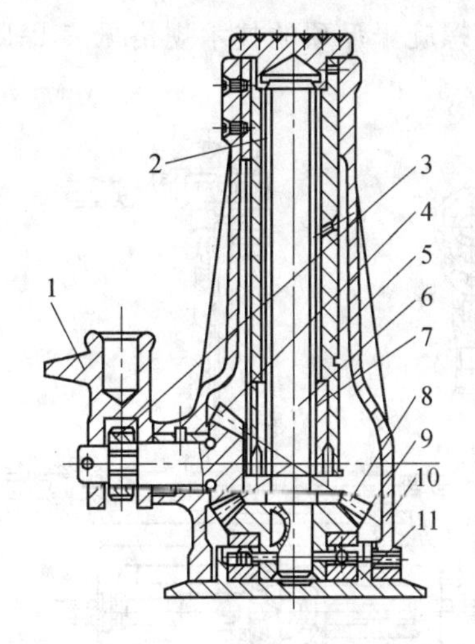

图 2-17　Q 型螺旋千斤顶

1—摇把；2—导向键；3—棘轮组；

4—小圆锥齿轮；5—升降套筒；6—丝杆；

7—铜螺母；8—大圆锥齿轮；

9—单向推力球轴承；10—壳体；11—底座

2. 螺旋千斤顶

螺旋千斤顶是利用螺纹的升角小于螺杆与螺母间的摩擦角，因而具有自锁作用，在设备重力作用下不会自行下落。

(1)固定式螺旋千斤顶如图 2-17 所示，其技术规格见表 2-14。

表 2-14　　Q 型固定式螺旋千斤顶技术规格

起重量/t	起升高度/mm	螺杆落下最小高度/mm	底座直径/mm	自重/kN	
				普通式	棘轮式
5	240	410	148	210	210
8	240	410		240	280
10	290	560	180	270	320
12	310	560		310	360
15	330	610	226	350	400
18	355	610		390	520
20	370	660		440	600

(2)移动式螺旋千斤顶如图 2-18 所示，其顶升部分构造与固定式螺旋千斤顶基本相同，只是在底部装有一个水平螺杆机构，用手柄转动横向螺杆即可将千斤顶与所顶设备一起在水平方向移动，在设备安装需要水平移位时更加方便，移动式螺旋千斤顶的技术规格见表 2-15。

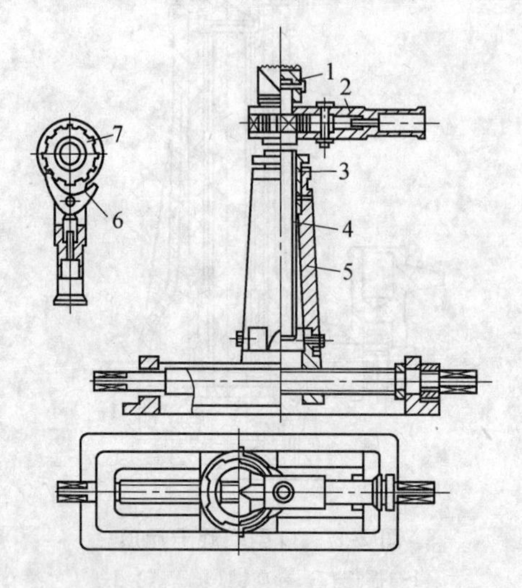

图 2-18　移动式螺旋千斤顶

1—千斤顶头部；2—棘轮手柄；3—青铜轴套；4—螺杆；5—壳体；6—制动爪；7—棘轮

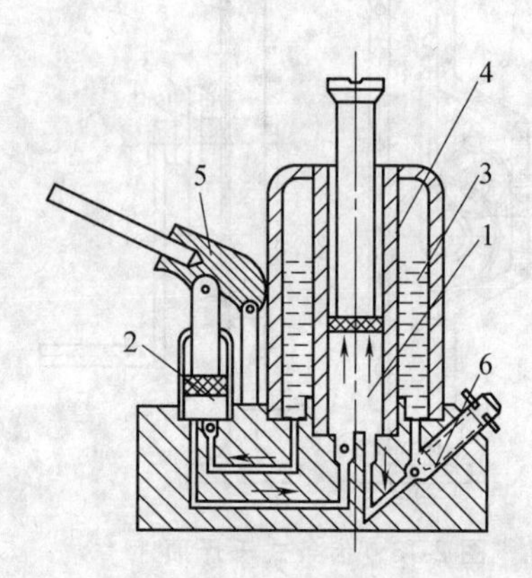

图 2-19　液压千斤顶

1—工作液压缸；2—液压泵；3—液体；4—活塞；5—摇把；6—回液阀

表 2-15　移动式螺旋千斤顶技术规格

起重量 /kN	顶起高度 /mm	螺杆落下最小高度 /mm	水平移动距离 /mm	自重 /kN
80	250	510	175	400
100	280	540	300	800
125	300	660	300	850
150	345	660	300	1000
175	350	660	360	1200
200	360	680	360	1450
250	360	690	370	1650
300	360	730	370	2250

3. 液压千斤顶

液压千斤顶如图 2-19 所示，主要由工作油缸、起重活塞、柱塞泵、手柄等几部分组成，主要零件有油泵芯、缸、胶碗；活塞杆、缸、胶碗；外壳；底座；手柄；工作油；放油阀等。它以液体为介质，通过油泵将机械能转变为压力能，进入油缸后又将压力能转变为机械能，推动油缸活塞，顶起重物，其工作原理是利用液压原理。液压千斤顶的起重能力，不仅与工作压力有关，还与活塞直径有关，液压千斤顶起重量大、效率高、工作平稳，有自锁性，回程简便，液压千斤顶的技术规格见表 2-16。

表 2-16　　国产 YQ_1 型液压千斤顶技术性能

型号	起重量/kN	起升高度/mm	最低高度/mm	公称压力/kPa	手柄长度/mm	手柄作用力/N	自重/N
YQ_1 1.5	15	90	164	33	450	270	25
YQ_1 3	30	130	200	42.5	550	290	35
YQ_1 5	50	160	235	52	620	320	51
YQ_1 10	100	160	245	60.2	700	320	86
YQ_1 20	200	180	285	70.7	1000	280	180
YQ_1 32	320	180	290	72.4	1000	310	260
YQ_1 50	500	180	305	78.6	1000	310	400
YQ_1 100	1000	180	350	75.4	1000	310×2	970
YQ_1 200	2000	200	400	70.6	1000	400×2	2430
YQ_1 320	3200	200	450	70.7	1000	400×2	4160

液压千斤顶只能直立放置使用并禁止做永久支撑，需较长时间支撑设备时，应在设备下搭设支座，以保证安全。

用油规定：油压千斤顶工作环境温度在－5～35℃时，使用专用锭子油或仪表油，并须保持油量及油质清洁。

4. 千斤顶的使用

千斤顶使用时，应先确定起重物的重心，正确选择千斤顶的着力点，考虑放置千斤顶的方向，以便手柄操作方便。

用千斤顶顶升较大和较重的卧式物体时，可先抬起一端但斜度不得超过 3°(1：20)。并在物件与地面间设置保险垫。

如选用两台以上千斤顶同时工作时，每台千斤顶的起重能力不得小于其计算载荷的 1.2 倍，以防止顶升不同步而使个别千斤顶超载而损坏。

七、滑车及滑车组

滑车与滑车组是起重运输及吊装工作中常用的一种小型起重工具，它体积较小、结构简单，使用方便，并且能够用它来多次改变牵引绳索的方向和起吊较大的重量，所以当施工现场狭窄或缺少其他起重机械时，常用滑车或滑车组配合卷扬机、桅杆进行设备牵引和起重吊装工作。

1. 滑车的构造和分类

滑车组是由吊钩(链环)、滑轮、轴、轴套和夹板等组成，滑轮在轴上可自由转动，在滑轮的外缘上制有环形半圆形槽，作为钢丝绳的导向槽。钢丝绳安装在半圆形槽中，滑轮槽尺寸应能保证钢丝绳顺利绕过，并且使钢丝绳与绳槽的接触面积尽可能大，因钢丝绳绕过滑轮时要产生变形，故滑轮槽底半径应稍大于钢丝绳的直径。由于球墨铸铁强度较高且具有一定韧性，使用时不宜破裂，所以滑车可用球墨铸铁制造。

滑车按作用来分，可分为定滑车、动滑车、滑车组、导向滑车及平衡滑车；按滑车的轮数可分为单轮滑车（单轮滑车的夹板有开口和闭口两种），双轮滑车、三轮滑车和多轮滑车（几轮滑车通常也称为几门滑车）；按滑车与吊物的连接方式，又可将滑车分为吊钩式、链环式和吊梁式等几种。

2. 滑车与滑车组

（1）定滑车。定滑车是安装在固定位置的滑车，如图 2-20 所示，它能改变拉力方向，但不能减少拉力。

起重作业中，定滑车用以支持绳索运动，作为导向滑车和平衡滑车使用，当绳索受力移动时，滑轮随之转动，绳索移动速度 V_1 和移动距离 H，分别和重物的移动速度 V 和移动距离 h 相等。

（2）动滑车。动滑车安装在运动轴上能和被牵引物体一起移动，如图 2-21(a)所示。它能减少拉力，但不改变拉力方向，动滑车有省力动滑车和省时动滑车（又称增速动滑车）之分。

1）省力动滑车如图 2-21(b)所示，其省力原理是：载荷同时被两根绳索所分担，每根绳索只承担载荷的一半。

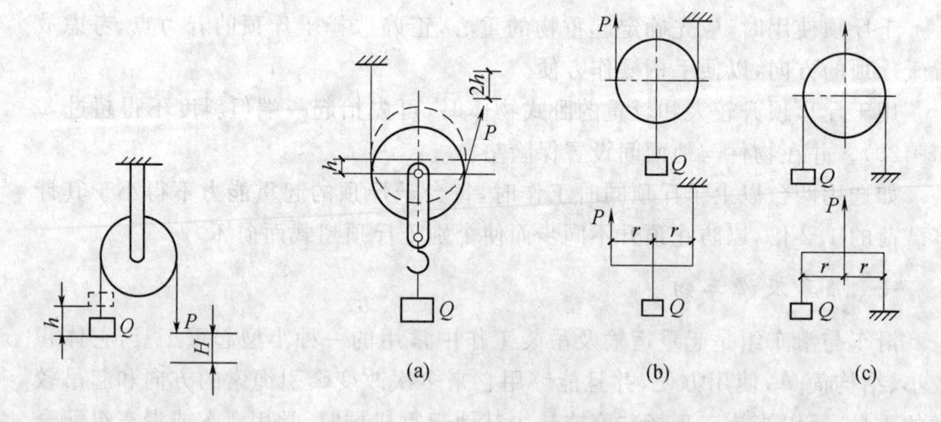

图 2-20　定滑车

图 2-21　动滑车、省力滑车和省时滑车

Q—载荷力；r—支距；

P—绳索拉力；h—移动距离；

(a)动滑车；(b)省力动滑车示意图及其受力简图；

(c)省时动滑车示意图及其受力简图

2)省时动滑车如图 2-21(c)所示，拉力 P 作用在动滑车上，这样动滑车被提升 1 m 时，重物就上升 2 m，重物上升的速度是滑车上升速度的两倍，当然同时拉力也增加了一倍，在起重作业中，此种滑车用的不多。

(3)导向滑车。导向滑车的作用类似于定滑车，既不省力，也不能改变速度，仅用它来改变牵引设备的运动方向，在安装工地或牵引设备时用的较多。导向滑车所受力的大小除了与牵引绳拉力大小有关外，还与牵引夹角有关。

(4)滑车组。滑车组是由一定数量的定滑车和动滑车以绳索穿绕连接而成，作为整体使用的起重机具。滑车组兼有定滑车和动滑车的优点，即可省力，又可改变力的方向，且可以组成多门滑车组，以达到用较小的力起吊较重物体的目的，如实际工作中，仅用 0.5～15 t 的卷扬机牵引滑车组的出端头，就能吊起 3～500 t 重的设备。

3. 滑车组的连接方法和钢丝绳的穿绕

滑车组中钢丝绳的穿绕方法是一项既重要又复杂的工作，对起吊的安全和就位有很大影响，穿绕不当，易使钢丝绳过度弯曲，加速钢丝绳的磨损，特别是当滑车门数较多时，还会使上下滑车出现扭曲，甚至在重物下降时产生自锁现象，有时还可能出现由于钢丝绳传力不畅而引起钢丝绳局部松弛，这样就会出现突然冲击，以至可能使钢丝绳断裂而发生重大事故。

滑车组钢丝绳穿绕方法有顺穿法和花穿法两种。

(1)顺穿法。顺穿法又分单头和双头两种。

1)单头顺穿法顺穿法是将绳索一端固定在定滑车架上，跑绳头从一侧滑轮开始，顺序穿过动滑轮和定滑轮，最后从另一侧滑轮穿出，如图 2-22(a)所示。

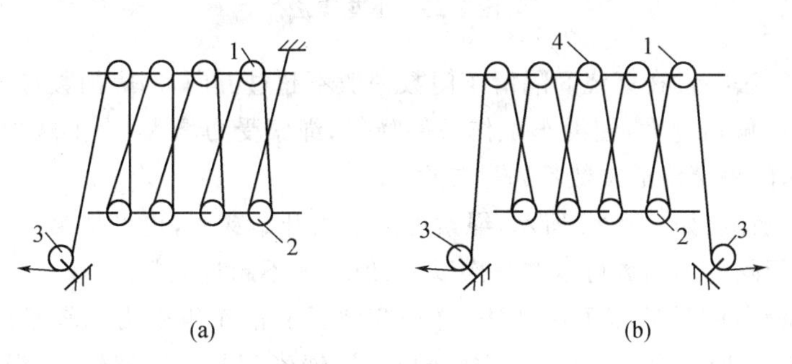

图 2-22　顺穿法

(a)单跑头顺穿法；(b)双跑头顺穿法

1—定滑车；2—动滑车；3—导向滑车；4—平衡滑车

此法引出端拉力最大，固定端拉力最小，每段绳的受力不等，工作不平衡，滑车易歪斜，常用于五门以下滑车组。

2)双头顺穿法为克服绳索拉力不均，滑车架扭曲的缺点，在实际中常采用双跑头穿绕法，如图 2-22(b)所示，它适用于两台卷扬机等速卷绕的起重场合，定滑车为奇数(比动滑轮多一个)中间滑车不旋转是平衡轮，此法滑车工作平衡，没有歪斜，滑车阻力减少，运动速度加快，多用于吊装重型设备或构件等。

(2)花穿法。花穿法有小花穿法和大花穿法两种，若用一台卷扬机起吊大型设备，当使用滑车组门数较多时，为避免顺穿法滑车受力不平衡，可采用花穿法来改善滑车组的工作条件和降低跑绳拉力，从而达到滑车组受力均匀，起吊平衡安全的目的。

1)小花穿法如图 2-23 所示，绳头从滑车中间穿入后，跑头按一个方向依次穿绕定滑轮和动滑轮，然后又回到滑车组中间，再按相反方向穿绕余下的定滑轮和动滑轮，最后把死头固定在定滑车架上。

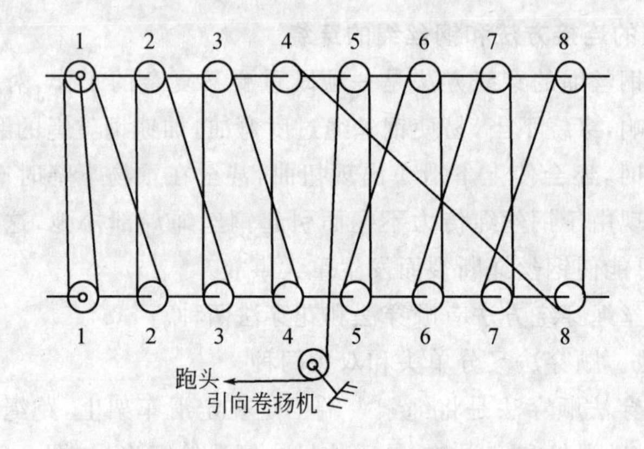

图 2-23　小花穿法

这种穿法绳索在穿绕间隔滑车门数一般不超过五门，间隔门数过多，则绳索在滑轮槽里偏角过大，使滑车工作条件降低，绳索受力增大，为了减少绳索之间互相摩擦，间隔穿绕的次数不超过二次。

2)大花穿法如图 2-24 所示，绳索可从中间开始穿入，也可从第一门穿入，绳索穿绕的间隔滑车门数可以在三次以上，但一般不超过五门。

大型设备的吊装多采用此法，这种穿绕具有滑车组受力比较平均、工作平稳、滑车架无扭曲现象等优点。它的缺点是，绳索间相互摩擦较大，绳索穿绕复杂，定滑轮和动滑轮之间的距离比顺穿法大，绳索在滑车槽里的偏角较大，对此，一般要求牵引绳索进入滑轮槽里的偏角不大于 4°，如图 2-25 所示。

4. 起重滑车受力控制

滑车效率是在轮轴呈水平状态时测定的，实践证明随着轮轴的倾斜，滑车效率急剧降低，如何使运转中的同轴多轮滑车的轮轴始终呈现水平状态，是确保滑车正常运行、实现安全吊装的关键，可以证明同轴滑车轮轴的斜率与滑车组的综合效率成反比，与作用于轮轴中点的偏心距相对值成正比。它等于滑轮作用于轮轴的合力作用点至轮轴中点间距与总起重力作用点至轮轴中心线间距之比值。

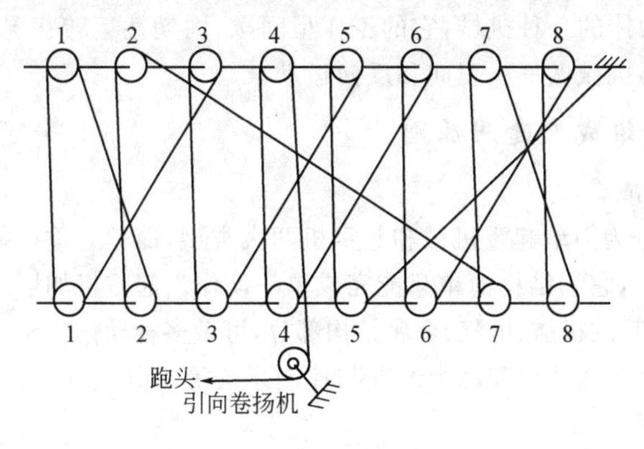

图 2-24　大花穿法

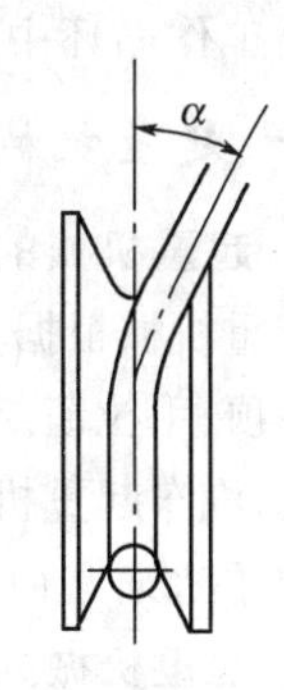

图 2-25　钢丝绳的偏角

根据以上分析，可通过以下途径改善滑车受力状况：

(1)提高滑车的综合效率；

(2)选择结构合理的滑车；

(3)改变钢丝绳的穿绕方式，施工现场在非滑车自身故障和运行不良的情况下，应主要通过改变钢丝绳穿绕方法来解决滑车组的正常运转问题；

(4)用两个门数较少的滑车代替一个门数过多的滑车，因而可成倍地减少作用于轮轴中点的偏心距；

(5)改单侧牵引为双侧牵引。

5. 滑车与滑车组使用注意事项

(1)使用时应根据滑车上的铭牌规定，严禁超负荷使用，多门滑车如只用其中部分滑轮，承载力应按比例相应减少；如使用 500 kN 的 5 门滑车，当只用 3 门滑轮工作时，则起重能力为 300 kN。

(2)选用滑车时应考虑滑轮的直径，滑轮直径一般应为钢丝绳直径的 16～20 倍，槽底宽度应比钢丝绳直径大 1～5 mm。

(3)用滑轮组起吊时，当重物提升到最高点时，定滑车与动滑车的间距要大于安全距离，要求滑车组两滑车之间的净距顺穿时应不小于轮径的 5 倍，花穿时应不小于轮径的 7 倍，且钢丝绳的偏角不能大于 4°～6°。

(4)对于滑车组的主要易损件：如当滑车轴磨损超过轴颈的 2%时，应报废予以更换，当滑车的轴套磨损超过轴套壁厚的 1/5 及滑轮槽磨损达到原壁厚的 10%时均应更换，以确保安全使用。

第二节　起重机械

起重机械是运输、提升物体的一种机械，它的工作呈间歇、周期性运转状况，在一个工作循环中，它的主要机械做一次正向和反向运动。

一、起重机械的分类、组成及选用原则

1. 起重机械的分类及组成

起重机械根据其功能可分为简单起重机械和起重机两大类型，简单起重机械如千斤顶、手拉葫芦、卷扬机等，它们结构简单只能完成单一动作。起重机如塔式起重机、汽车起重机它们有完整的机械、电气、金属结构部分，可做多种动作。

起重机通常由工作机构、金属结构和动力装置与控制系统等部分组成。

2. 起重机械的选用原则

由于起重机械的种类、型号较多，起重施工的内容、工期、现场环境，被起吊的工件或设备等多种多样，因此对于各种不同的起重作业状况，选择合适的起重机十分重要，即起重机械的选择应根据起重作业的具体情况来确定，应充分考虑到下列因素。

(1)劳动生产率、施工成本和作业周期。当被起吊的工件或设备数量较多，并要求在一定的周期内完成任务时，应选择施工效率高、劳动强度低的起重机械。

(2)施工场地的环境条件。在厂房内作业时，要考虑厂房的高度，作业点周围的设备布置情况及作业空间等因素。如在室外，则需考虑作业点地面是否平整、坚硬，周围是否有障碍物等，且综合考虑整个现场的吊装工作面和覆盖面。

(3)被起吊重物的重量、外形尺寸、安装要求等，尽量选用已有的机械和机具及常用的施工方法，以节约施工成本和利用成熟的施工经验。

二、桅杆起重机

桅杆又称扒杆或抱杆，与滑车组、卷扬机相配合构成桅杆式起重机，桅杆自重和起重能力的比例一般为 1∶4～1∶6，具有制作简便，安装和拆除方便，起重量较大，对现场适应性较好的特点，因而得到广泛应用。

1. 桅杆起重机的分类及性能

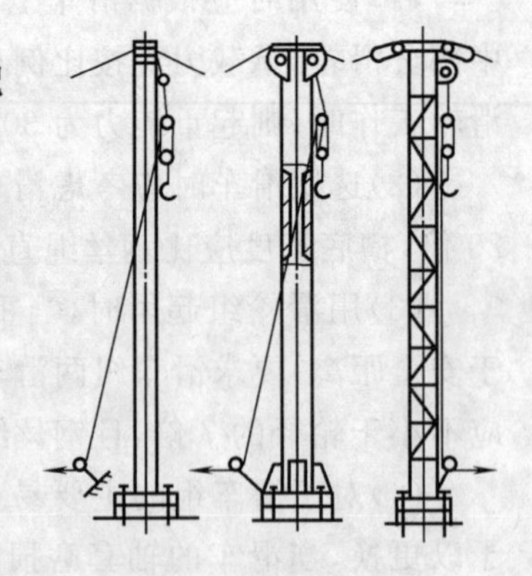
图 2-26　桅杆的种类

(1)桅杆按材料分类有圆木桅杆和金属桅杆，如图 2-26 所示。

(2)木制桅杆多采用材质坚韧、笔直的松木或杉木等，起重高度一般为 8～12 m，起重量 3～5 t，

规格性能见表2-17。

表2-17 独木桅杆规格及性能

起重量/t	桅杆长度/m	桅杆顶直径/cm	缆风绳直径/mmα=45°	起重滑车组			卷扬机钢丝绳拉力/kN
				钢丝绳直径/mm	定滑车门数	动滑车门数	
3	8.5	20	15.5	11.5	2	1	10
	11.0	22	15.5	11.5	2	1	10
	13.0	22	15.5	11.5	2	1	10
	15.0	24	15.5	11.5	2	1	10
5	8.5	24	15.5	15.5	2	1	30
	11.0	26	20.0	15.5	2	1	30
	13.0	26	20.0	15.5	2	1	30
	15.0	27	20.0	15.5	2	1	30
10	8.5	30	21.5	17.5	3	2	30
	11.0	30	21.5	17.5	3	2	30
	13.0	31	21.5	17.5	3	2	30

(3)金属桅杆有管式和格构式两类。

1)金属管式桅杆一般由无缝钢管制成，为便于搬运和拆装，可将桅杆分成几段，每段的端部用法兰连接，根据起吊高度将几段连接起来使用，也可用焊接方法加长，焊缝应开坡口并用角钢补强，焊接结构如图2-27所示，金属管式桅杆从稳定性方面考虑，其截面属于经济压杆截面。

管式桅杆顶部设有缆风绳盘和吊耳，滑车组通过吊钩或卡环联结在吊耳上，桅杆底部设有法兰底座，如图2-28所示。管式桅杆起重量一般小于30 t，起重高度在30 m以内，金属管式桅杆的规格和性能见表2-18。

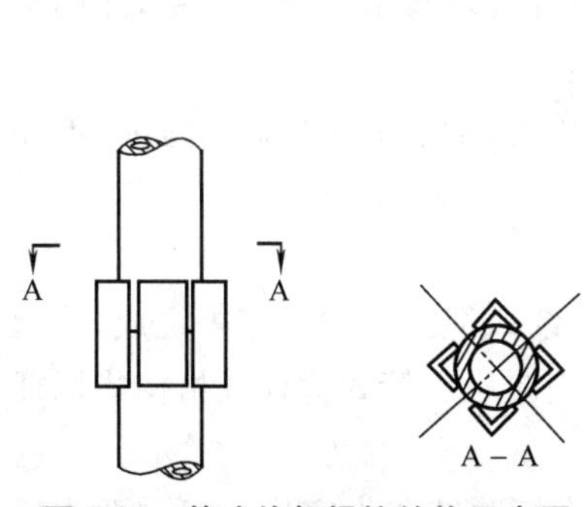

图2-27 管式桅杆焊接结构示意图

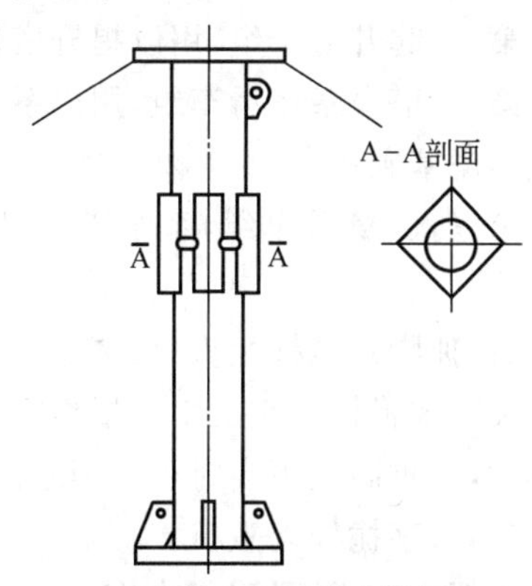

图2-28 金属管式桅杆

表 2-18　　钢管桅杆的规格和性能

规格/mm \ 起重量/t \ 高度/m	8	10	12	15	20	25
ϕ159×4.5	2.5	2				
ϕ219×7	11	7	5	3		
ϕ273×8	22	16	14	10		
ϕ325×8		25	19	16	12	
ϕ377×8		25	26	21	16	10
ϕ426×8				30	24	15

2)金属格构式桅杆一般用四根等边角钢作为主要杆件(称为主肢),并用各种形式的腹杆联系成一方形截面的支柱,为便于搬运和拆装,桅杆可分段焊接,中间用连接板或法兰连接,通常中间各段结构和长度均相同,首尾两段一般做成横截面向顶部和底端逐渐缩小的形式。实际使用时可根据不同的中间段节数来改变桅杆高度,桅杆顶部设有缆风绳盘和吊耳,其固定式吊耳工作时一般为弯曲、剪切和扭转的组合受力状态,底部设有可回转球形底座和系柱导向滑车的耳孔,桅杆的稳定与桅杆受力情况、本身的截面形状和缆风绳及基础等有关,设计计算时要考虑这些因素,格构式独脚桅杆的构造如图 2-29 所示。

2. 桅杆起重机的结构形式

桅杆起重机由起重系统和稳定系统两个部分组成,其结构形式有独脚式桅杆、人字桅杆、系缆式桅杆和龙门桅杆等几种,它们均需配备相应的滑车组,如利用桅杆起重机吊装塔类设备时,须配备的滑车组的种类及作用为:

第一,起升滑车组,用以提升塔体;

第二,塔身系尾滑车组,用以系拉塔尾,以保证塔身滑移速度平稳,在腾空时塔尾不碰基础;

第三,倒稳滑车组,系结于塔身附近处,以控制塔身在直立过程中,不左右晃动。

(1)独脚式桅杆起重机。

独脚式桅杆起重机由一根桅杆加滑车组、缆风绳及导向滑车等组成,当起重量不大,起重高度不高时可采用木制桅杆,否则应采用管式桅杆或格构式桅杆。

(2)人字桅杆起重机。

如图 2-30 所示,人字桅杆起重机由两根桅杆联结成人字形,亦称“两木塔”,为使桅杆受力合理,一般交叉处夹角为 25°～35°,交叉处捆绑有两根缆风绳和悬挂有滑车组来起吊设备，导向滑车设置在桅杆的根部，使起重滑车组引出端经导向滑车引向卷扬机，桅杆下部两脚之间，用钢丝绳连接固定，另外如桅杆需倾斜起吊重物时，应注意在桅杆根部向倾斜前方用钢丝绳固定双脚，以防桅杆受力后根部向后滑移。

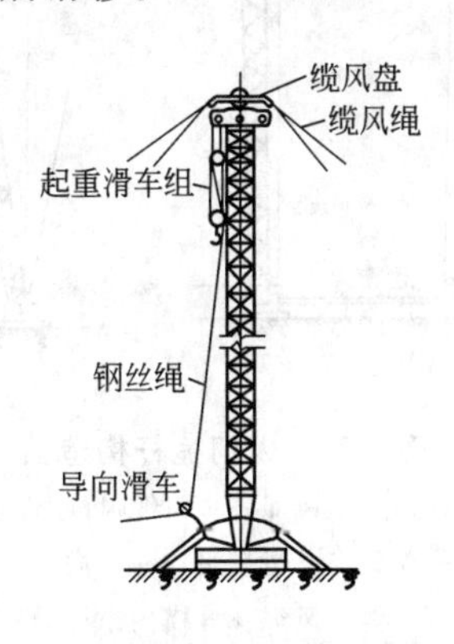

图 2-29 格构式独脚桅杆示意图

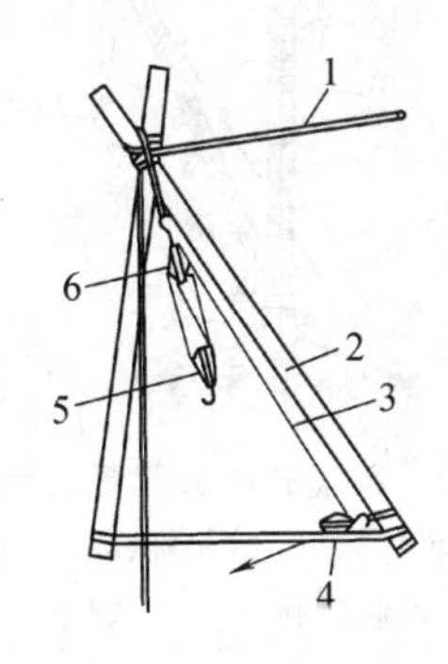

图 2-30 人字桅杆

1—缆风绳；2—桅杆；3—跑绳；4—导向滑车；5—动滑车；6—定滑车

管式人字桅杆的受力除了与两桅杆的夹角、起重量有关外，还与缆风绳夹角及滑车组的变化等有关。计算时要充分考虑到各种因素。

(3)系缆式桅杆起重机。

如图 2-31 所示，系缆式桅杆起重机由主桅杆、回转桅杆、缆风绳、起伏滑车组、起重滑车组及底座等组成。

系缆式起重机的主桅杆上部用缆风绳固定成垂直位置，起重桅杆底部与主桅杆底部用铰链相连接不能移动，但可倾斜任意角度，大部分系缆式起重机的起重杆可与主桅杆一起旋转 360°，在桅杆臂长的有效范围内，能将重物在空间任意搬运。

系缆式桅杆起重机有管式动臂桅杆、回转动臂桅杆、半腰动臂桅杆等 3 种。

(4)龙门式桅杆起重机。

如图 2-32 所示，龙门式桅杆起重机主要由两幅独脚桅杆加上横梁所组成，桅杆顶部系有缆风绳，以稳固龙门桅杆，其横梁上装有滑车组或电动葫芦，以进行起重作业。

龙门桅杆起重机起重量大，工作稳定，安全可靠，有较大的灵活性，吊装的重物除可以在两副独脚桅杆组成的平面内任意位置移动外，而且门架还可用滑车组调节缆风绳，使其以底座为回转中心向两侧摆动 10°以内的角度，使所吊重物有更大的活动空间。

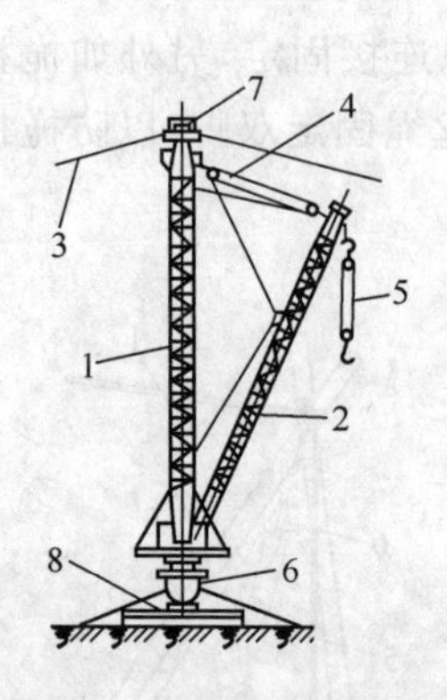

图 2-31　系缆式桅杆起重机示意图

1—主桅杆；2—回转桅杆；3—缆风绳；
4—回转杆起伏滑车组；5—起重滑车组；
6—转盘；7—顶部结构；8—底座

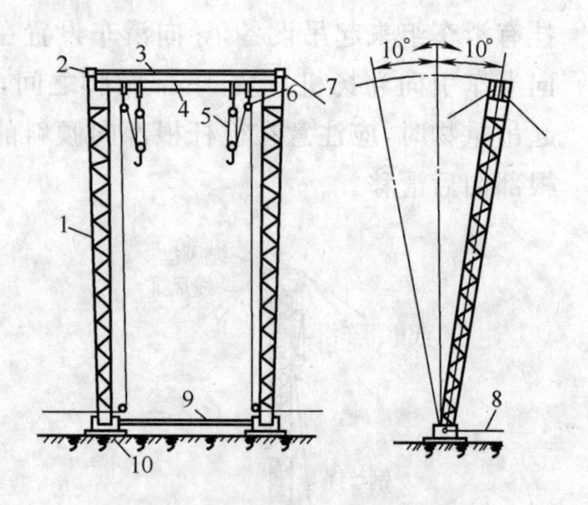

图 2-32　龙门桅杆构造图

1—桅杆；2—缆风绳；3—平缆风(刚性连接)；
4—横梁；5—滑车组；6—导向滑车；
7—斜缆风绳；8—横向缆风绳；
9—底座连接装置；10—底座

三、运行式起重机

1. 汽车起重机

(1)汽车起重机的特点。

汽车起重机是汽车和起重设备结合在一起的一种起重机械，其起重部分安装在汽车后轮位置的底盘上。它具有行驶速度快、机动性能好、操作便捷等优点，常被用于随运输车辆装卸设备、构件和工程施工的吊装作业。

(2)汽车起重机的型号和技术性能。

汽车起重机型号繁多，目前使用较多的主要有：Q_2 型、Q_3 型、TL 型和 NK 型等。如图 2-33 所示为 Q_2-8 型汽车起重机。

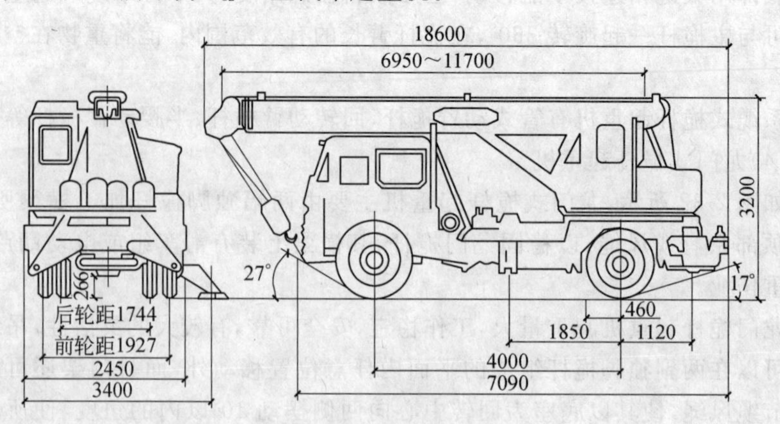

图 2-33　Q_2-8 型汽车起重机

汽车起重机的技术性能均可从相应的资料中查得，表 2-19 为 Q_2-8 型液压式汽车起重机技术性能表。从表中可知，当吊臂长为 6.95 m，幅度为 3.2 m 时，起重量为 8 t，起升高度为 7.5 m；当吊臂加长至 11.70 m，幅度为 4.9 m 时，则起重量为 3.2 t，起升高度为 12 m。

表 2-19　　　　Q_2-8 型 8 t 液压式汽车起重机性能表

主要技术参数		6.95 m 吊臂			8.50 m 吊臂			10.15 m 吊臂			11.70 m 吊臂		
名称	参数	工作半径/m	起升高度/m	起重量/m	工作半径/m	起升高度/m	起重量/m	工作半径/m	起升高度/m	起重量/m	工作半径/m	起升高度/m	起重量/m
全车总重	15.50t	3.2	7.5	8.0	3.4	9.2	6.7	4.2	10.6	4.2	4.9	12.0	3.2
最大爬坡能力	22%	3.7	7.1	5.4	4.0	8.8	4.5	5.0	10.1	3.1	5.8	11.4	2.4
吊臂最大仰角		4.3	6.5	4.0	4.7	8.3	3.4	5.7	9.6	2.5	6.7	10.8	1.9
吊臂全伸时长度	11.70 m	4.9	5.7	3.2	5.4	7.6	2.7	6.6	8.8	1.9	7.7	9.9	1.4
吊臂全缩时长度	6.95 m	5.5	4.6	2.6	6.2	6.8	2.2	7.5	7.7	1.5	8.8	8.6	1.0
最大提升高度	12.00 m			6.9	5.6	1.8	8.4	6.3	1.2	9.7	7.0	0.9	
最小工作半径	3.20 m			7.5	4.2	1.5	9.0	4.8	1.0	10.	5.2	0.8	
最小转弯半径	9.20 m												

(3)汽车起重机使用的注意事项。

1)使用前须检查工作场地是否平整、坚实，如支腿下方不平时，应用木块垫平。起重机不得在倾斜地面上作业，也不得在泥泞且没有平整夯实的地面上作业。并应注意工作范围内有无电线及其他影响作业的障碍物。

2)每次作业前都要进行试吊，把重物吊离地面 200 mm 左右试验制动器是否可靠、支腿是否牢靠，确认安全后方可起吊。

3)作业时，钢丝绳应垂直起吊，不准斜吊、横吊，否则不但会使重物摆动或与其他物件发生碰撞，甚至会造成起重机翻车事故。

4)起重机在重负荷工作时，吊臂的左右旋转角度都不能超过 45°。回转时要缓慢，同时应避免吊臂变幅，否则易造成坠臂、折臂、翻车等重大事故。

5)在吊装高处的重物时，吊钩与滑轮之间应保持一定的距离，以防卷扬机过头，钢丝绳拉断导致吊臂后翻。

6)在起吊重物过程中，不准扳动起重机支腿操纵手柄，如必须调整支腿时，应先将重物落下后再进行调整。

7)不准使用起重机吊拔埋在地下的不明物，以及凝(冻)结在地面、设备上的物件，以免超负荷作业，引起事故。

8)雨、雪天起重机的制动器易失灵，所以起落吊钩要缓慢。如遇六级以上大风时应停止吊装作业，并应卸下载荷把吊臂放在托架上。

2. 轮胎式起重机

(1)轮胎式起重机的特点轮胎式起重机是一种自行式、全回转起重机。它的起重机构安装在装有行走轮的特种底盘上，具有移动方便、安全可靠等特点。在起吊较轻物件时可不用支腿，起吊较重物件时可伸出支腿提高起重能力。

(2)轮胎式起重机的类型和技术性能轮胎式起重机通常按以下三种方法分类。

1)按起重量大小分，有小型、中型、大型、特大型四种。起重量在 12 t 以下者为小型，起重量在 16～40 t 者为中型，起重量在 40～100 t 者为大型，起重量在 100 t 以上者为特大型。

2)按起重臂形式分，有桁架臂和箱形臂两种。

3)按传动装置形式分，有机械传动、电力—机械传动和液压—机械传动三种。

图 2-34 所示为 QLD16 型轮胎式起重机，其主要技术参数如下。

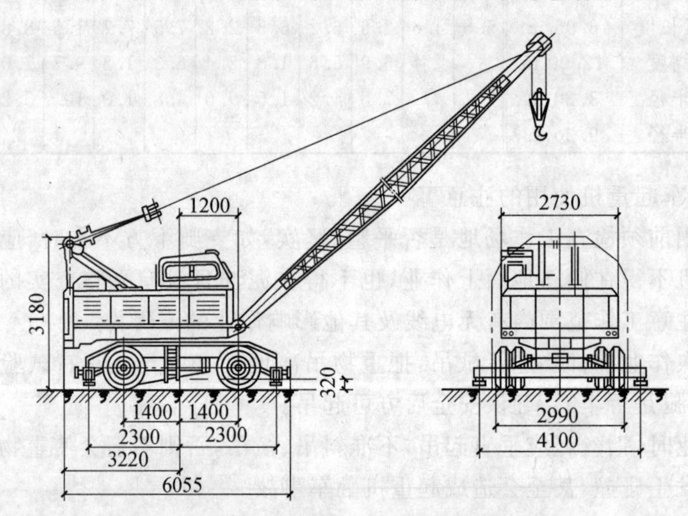

图 2-34　QLD16 型轮胎式起重机

①全车总重 20 t。

②行驶状态时全长 16.68 m。

③尾部回转半径 3.4 m。

④起升钢丝绳最大许用拉力 23 kN。

⑤最高行驶速度 18 km/h。

⑥最大爬坡度 7°。

⑦最小转弯半径 7.5 m。

轮胎式起重机的技术性能可从相应的技术资料中查得。表 2-20 为 QLD16 型轮胎式起重机技术性能表。

轮胎式起重机使用时的注意事项和汽车起重机基本相同，这里不再赘述。

表 2-20　　QLD16 型轮胎式起重机技术性能表

工作半径/m	吊臂长度 12 m			吊臂长度 18 m			吊臂长度 24 m		
	起重量/t		起升高度/m	起重量/t		起升高度/m	起重量/t		起升高度/m
	用支腿	不用支腿		用支腿	不用支腿		用支腿	不用支腿	
3.5		6.5	10.7						
4.0	16.0	6.7	10.6						
4.5	14.0	5.0	10.5		4.9	16.5			
5.0	11.2	4.3	10.4	11.0	4.1	16.4			
5.5	9.4	3.7	10.3	9.2	3.5	16.3	8.0		22.4
6.5	7.0	2.9	9.7	6.8	2.7	16.1	6.7		22.3
8.0	5.0	2.0	9.0	4.8	1.9	15.6	4.7		22.0
9.5	3.8	1.5	8.1	3.6	1.4	15.0	3.5		21.4
11.0	3.0		6.6	2.9	1.1	14.2	2.7		20.1
12.5				2.3		13.1	2.2		19.9
14.0				1.9		11.6	1.8		19.4
15.5				1.6		10.2	1.5		18.4
17.0							1.2		17.7

3. 履带式起重机

(1)履带式起重机的特点。

履带式起重机也是自行式、全回转起重机械的一种。因它装有履带行走机构，所以它具有接触地面面积较大、重心较低、操作灵活、使用方便的特点。在一般平整坚实的场地上它可以载重行驶和吊装作业，是目前钢结构构件和混凝土结构件吊装施工中最常用的起重机械。

(2)履带式起重机的型号和技术性能。

目前工程中使用的履带式起重机主要有：KH100、KH180-3、KH300-2、KH700-2 和 W501、W502、W1001、W1002、W2001、W2002 等型号，其中 KH 系列的履带式起重机较为常用。履带式起重机的各机械部分采用液压操纵，起重臂架为可变桁架结构，可通过加装不同长度的中间节，组成多种长度的起重臂，还可改装成为履带塔式起重机、履带式索铲、抓斗挖掘机和桩架等，用途较为广泛。

图 2-35 所示为 KH100 型 30 t 履带式起重机，其主要技术参数如下。

①全车总重 29.2 t(其中平衡块重 8.5 t)。

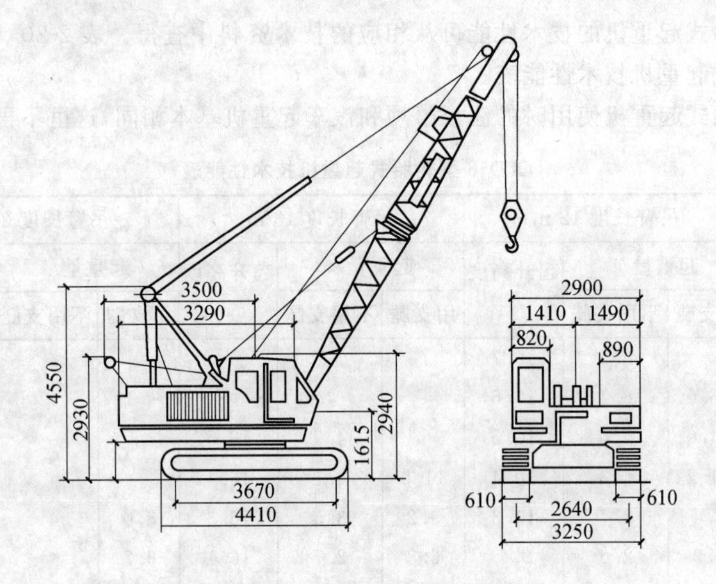

图 2-35　KH100 型履带式起重机

②履带支撑面积 4.4 m^2。

③最大爬坡度 20°。

④吊臂最大仰角 80°。

⑤主臂全长 37 m。

⑥主臂加副臂全长 40 m。

⑦最大提升高度 34 m。

履带式起重机的技术性能可从相应的技术资料中查得。

(3)履带式起重机使用的注意事项。

1)作业前应先进行一次试运转,确认各机件运转无异常,制动器灵敏可靠,才能正式开始起重工作。否则,应进行检修或调整。

2)起吊满载重物时,应先吊离地面 200 mm 左右,检查机械的稳定性、制动器的可靠性、钢丝绳绑扎的牢固程度等。确认安全可靠后方可进行起吊。

3)起重臂的最大仰角不得超过厂家使用说明书的规定。若无资料可查时,最大仰角(吊臂和水平线的夹角)不得超过 78°。

4)起吊过程中要密切注视重物的起落,切勿将吊钩提升至吊臂顶点。同时,要避免将吊臂回转至与履带成垂直角度的位置,以防止失稳翻车。

5)在起吊满载重物时起重机不得行走。如在起吊中需要作短距离行走时,其吊物的荷重不得超过起重机允许负荷的 70%,且所吊重物要在行车的正前方,并应系好溜绳,重物离地面不超过 100 mm,缓慢行驶。此时,起重机严禁同时做两种操作动作。

第三章　起重吊装工艺

吊装工艺的正确选择应从安装施工现场已有的机具出发，采用先进的吊装方法，力求减轻工人的体力劳动，增加一次吊装重量，缩短安装周期，确保设备吊装的安全可靠。在选择和拟订吊装工艺前，必须全面熟悉和研究吊装设备的外形尺寸、结构、重量、装置的类型、特点、场地布置、机具能力和施工队伍技术力量等各方面的具体情况，然后再选择和拟订吊装工艺。

设备吊装一般可以归纳为整体吊装、分体吊装和综合吊装三种。无论何种类型的吊装，即使是对同一类的工艺装置和重型设备，在不同的安装条件下，吊装工艺也不会千篇一律。随着现代科学技术的发展，在选用吊装工艺的同时，还要特别注意改进和完善吊装技术，大胆运用先进的检测手段，不断提高吊装工艺水平。另外，本着机具装备的现状，应更多地研究如何因地制宜地吊装中大型设备，创造先进的吊装方法，并不断地提高现有机具在吊装作业中的效率，从而保质量、促进度、降消耗，完成各项设备安装任务。

第一节　桅杆起重机工艺

一、单桅杆吊装工艺

单桅杆吊装使用机索具少，操作容易，使用方便，在施工中应用较多，单桅杆吊装设备可分为直立桅杆吊装和倾斜桅杆吊装，而被吊设备一般是直接在基础旁吊起后，拆除底排，移放到基础上即可。

1. 直立单桅杆夺吊

直立单桅杆夺吊如图 3-1 所示，桅杆呈直立状态，在动滑车的吊索处（或吊物上），设置曳引索并串绕滑车组（力不大时可不拴滑车组），使起吊滑车组中心连线与桅杆呈一定角度 α，在保证被吊物件（设备、结构）不致碰杆的前提下，尽量减少其夹角，为了改善起吊滑车组的受力状况，当曳引索引向地面时，其锚点宜远不宜近，即曳引索与地面夹角 φ 愈小愈好，最大不超过 30°。

单桅杆缆风绳的布置方法，当场地允许时，缆风绳多采用相同的水平仰角，各地锚至桅杆基座的距离相等，若桅杆承受的载荷对称于桅杆的轴线时，缆风绳在 360°范围内均匀布置，如图 3-2(a)所示，此时桅杆倾倒方向往往不能预先知道，故缆风绳只能对称布置。若桅杆倾倒方向预先知道，如图 3-2(b)所示，此时，

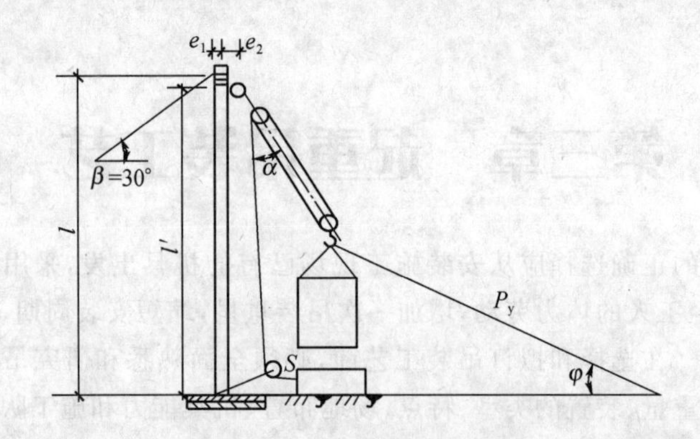

图 3-1 直立单木桅杆夺吊示意图

桅杆倾倒方向相反的一侧要多布置缆风绳。担负着桅杆受载荷后的主要平衡作用的缆风绳称为主缆风绳，其余缆风绳为辅助缆风绳。室内的桅杆由于场地或构筑物结构特点，往往不能使桅杆位于同一圆周上，其布置如图 3-2(c)所示。

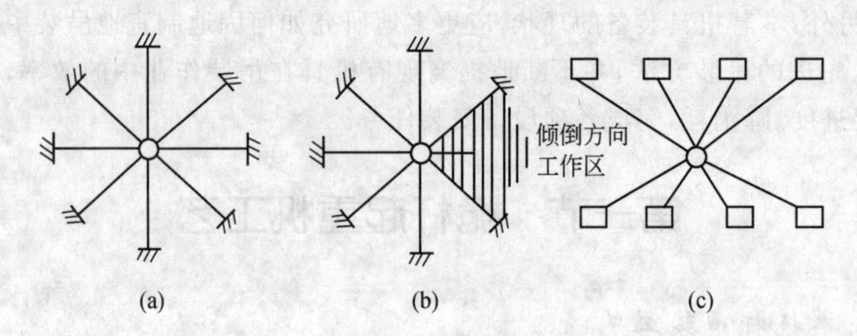

图 3-2 单桅杆缆风绳的布置

(a)均匀布置；(b)杆倒方向已知；(c)锚点不在同一圆周上

缆风绳的数量应依据桅杆的情况而定，根据经验对单木桅杆常采用 4～8 根，对单金属桅杆常采用 5～8 根，特殊情况可配备 10 根以上，缆风绳的数量不宜过多，应根据当时条件选取最合理的布置方案。缆风绳与地面之间的夹角用 β 表示，一般可取下列数值：

场地开阔 $\beta=25°\sim30°$

场地狭小 $\beta=35°\sim40°$

特殊情况 $\beta=60°$

一般情况下 β 取小一些于受力有利，通常不宜超过 45°。

2. 直立单桅杆扳吊

直立单桅杆扳吊有两种形式，一种是塔类设备转动而桅杆不动，简称单转法，另一种是随着塔类设备的转动，桅杆也相应转落的转落法，扳吊法系旋转法的一种，如图 3-3 所示，其操作要点基本上与旋转法竖立桅杆相同。桅杆最大受力发生在设备抬头时，是一种较为安全的吊装方法，且使用的机索具小而少。但吊装中会产生较大的水平推力，需增加止推索具，另外基础与设备之间要加设回转铰链，因此基础需要加以特殊处理，如图 3-4 所示，若不用铰链，可用止推索具进行控制调整。当设备扳吊到一定角度时（一般为 60°～70°），设备的重心越过铰链轴线或旋转支点时，设备会自动回转。为此须配备制动机索具。以使设备在发生回转时，进行缓慢的溜放就位，用这种方法扳吊，基础不宜太高，一般应在 2 m 以下，由于吊装时产生较大的水平推力，因此要对设备底部的局部强度和稳定性进行验算，符合要求后才允许吊装，必要时应采取加固措施。

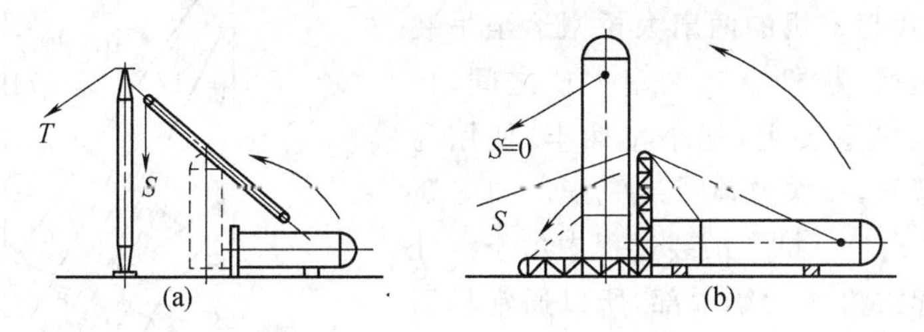

图 3-3　扳转法示意图

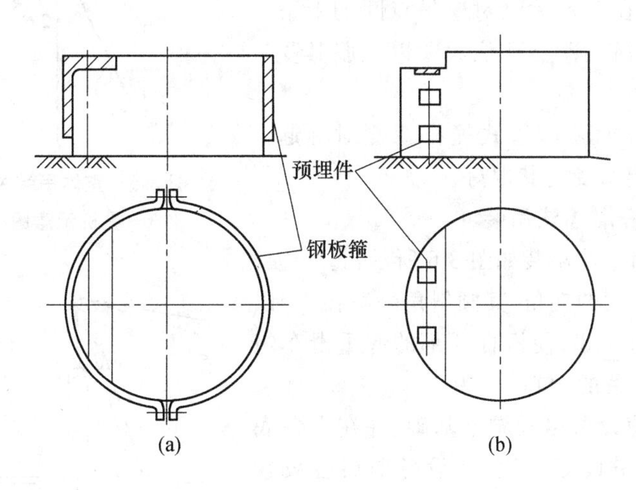

图 3-4　基础处理图

(a)加钢箍；(b)加预埋件

扳吊塔类设备时，要求塔类设备的中心线、桅杆中心线、基础中心线和起吊（主扳）及制动滑车组的合力作用线均在垂直于地面的同一平面内。

单桅杆扳吊可用高桅杆吊矮塔，即可用较小的力扳吊较重的塔，也可用低桅杆扳吊高塔，此时有充分的空间位置给设备进行“穿衣戴帽”，从而减少高空作业量和提高吊装工效。

3. 直立桅杆双侧吊装

直立桅杆双侧吊装经常用于整体吊装中小型桥式起重机。此时在桅杆的两侧系挂两套起升滑车组，用两台卷扬机(单式滑车组)或四台卷扬机(双联滑车组)起升。

桥式起重机从制造厂是分成几大件(大梁、小车，操纵室等)运到安装现场。整体吊装时，在地面上先把几大件组装成一个整体，再进行吊装，这样高空作业少，省人力，进度快，但一次起重量大。

当用直立单桅杆双侧吊装桥式起重机时，先将桥式起重机的两扇大桥搬运至吊装位置进行组装，桅杆立在两扇大桥之间，再将小车和操纵室装上，把小车捆牢，使用卷扬机牵引起升，一次整体吊装完毕。如图 3-5 所示。桥式起重机在吊装过程中由于绑扎点在桥式起重机的大梁中部，所以通常易引起大梁的弯曲和扭转变形及绑扎处的局部变形，通常可在两片大梁对应吊点间的上下部各点焊一根钢管，支撑住大梁以克服其受到的水平分力。

直立桅杆如独脚管式桅杆双侧对称起吊要比单侧起吊受力状况好。

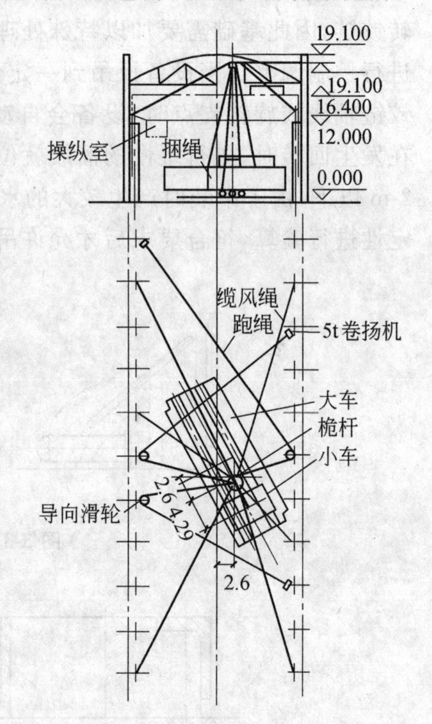

图 3-5　整体吊装桥式起重机示意图

4. 单桅杆滑移法吊装

单桅杆滑移法吊装如图 3-6 所示，起重桅杆倾斜一个不大的夹角，其倾斜角一般在 15°以内，最大不超过 18°，使桅杆顶部的起重滑车组对准需起吊设备的中心。

吊装前使设备尽量靠近基础，并在设备底部装上拖排，搭设好走道，在设备前后各设置一台卷扬机，穿上滑车组，作塔类设备吊装时的牵引和溜放用。

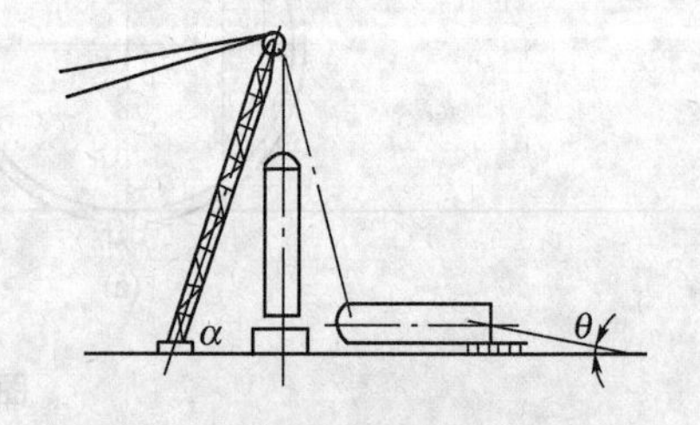

图 3-6　单桅杆滑移法吊装塔类设备示意图

单桅杆滑移吊装法适用于一些长度、直径和重量都不大的塔类设备，滑移法吊装塔体时，被吊塔体底部作水平运动，头部同时作水平和竖直运动。起重滑车组与铅垂方向的夹角不大，单桅杆滑移吊装法的特点是：

(1)桅杆应倾斜成一定角度，使设备顶部的吊耳对准设备基础中心；

(2)桅杆比设备高,桅杆的规格应较大一些;

(3)设备是直接进位,就位容易。

5. 单桅杆偏心提吊滑移法

单桅杆偏心提吊滑移法如图 3-7 所示,起吊滑车组垂线投影到基础边缘外侧,吊点在设备的侧边,桅杆的倾斜度 α 以设备不碰杆为原则,设备就位时一般要在设备底部加曳引力 P_X 夺正,因此出现侧偏角 α_1,加曳引力夺正为最不利状态。此时设备受到 G、P_1 和 P_X 三力而平衡,为了正确就位,G、P_1 和 P_X 三力汇交于一 O' 点(设备底面中心)且和基础中心 O 应在垂直于基础的同一垂线上,这时落钩才能保证设备准确就位。单桅杆偏心提吊滑移法可用较低的桅杆吊装较高的设备,桅杆规格相应小些,适用于高度与直径比大于 40 的立式设备。

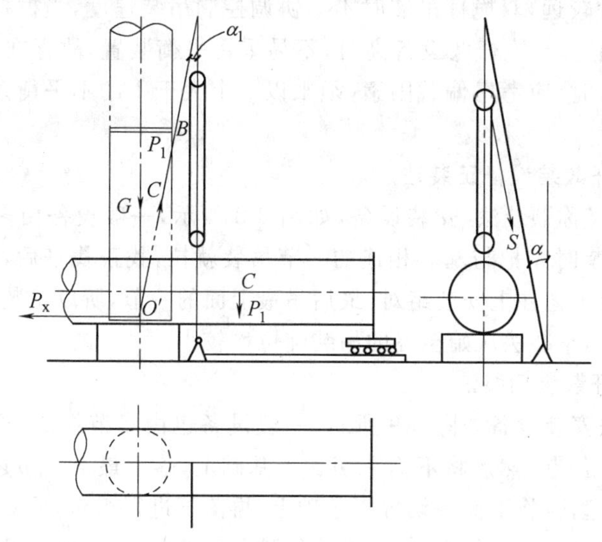

图 3-7　倾斜单桅杆侧偏吊示意图

单桅杆中的滑移法吊装还有单桅杆夺吊滑移法、单桅杆摆动滑移法,它们的吊装特点如下。

单桅杆夺吊滑移法主要特点:

(1)吊装时滑车组与铅垂方向有相当的夹角;

(2)塔体上要另设夺吊点,待设备越过基础(或障碍物)后滑车组才能垂直提升;

(3)宜选用活动缆风帽,球铰底座的桅杆,以减小桅杆扭矩;

(4)适用于设备基础较高或有障碍物的情况。

单桅杆摆动滑移法主要特点:

(1)桅杆吊耳相对设备基础中心摆动一个角度,待越过障碍后,再摆动到基础中心就位；

(2)适用于基础较高或有障碍物的情况。单桅杆夺吊滑移法和单桅杆摆动滑移法的具体工艺方法可参阅相关起重资料。

二、双桅杆吊装工艺

双桅杆吊装是一种常见的吊装工艺，有等高桅杆和不等高桅杆之分，双桅杆吊装多用滑移法，等高双桅杆应用较多，其受力分析和机索具布置简单，不等高双桅杆多用于小塔群的吊装，当桅杆移动时，缆风绳相互干扰少。

双桅杆吊装，其桅杆站位间距应能使设备顺利通过为原则，不宜过大，等高双桅杆站距相等，以利设备吊装就位对中，不等高双桅杆站距不相等，低者距设备较近而高者较远，双桅杆吊装时不易协调控制吊装速度，当桅杆高设备低时，可采用平衡装置，当桅杆低设备高时，不易采用平衡装置，故存在偏载现象。因此在计算载荷时，应考虑偏载因素，须乘以一个大于 1 的不平衡系数，一般取不平衡系数 $K_2=1.1\sim1.2$。

1. 双桅杆散装设备正装法

正装法(又称顺装法)安装设备，如图 3-8 所示，一般设备由多节组成，每节重量较小，安装时先把与基础相连的一节吊装就拉，找正找平后，开始一节一节的用递夺吊装工艺往上安装组对，最后吊最上面的一节，所以正装法要求桅杆高超过塔体高度，正装法从始至终的吊装吨位均较小。

2. 双桅杆散装倒装法

用倒装法安装设备如图 3-9 所示，一般设备也由多节组成，安装时，首先把最上面的一节吊起，然后将下面一切置于基础上，落上最上一节进行组成，组对好后，继续吊起，再将下面一切置于基础上，再落下进行组对，反复多次就能将多节设备组装完毕。这种吊装方法，其桅杆随着组对节数的增加，吊装重量也随之增加，最后达到设备总重量，倒装法大大减少了高空作业，操作比较安全，安装质量得以保证，并且桅杆的高度可以低于塔体的总高度，倒装法需要承重大的桅杆。

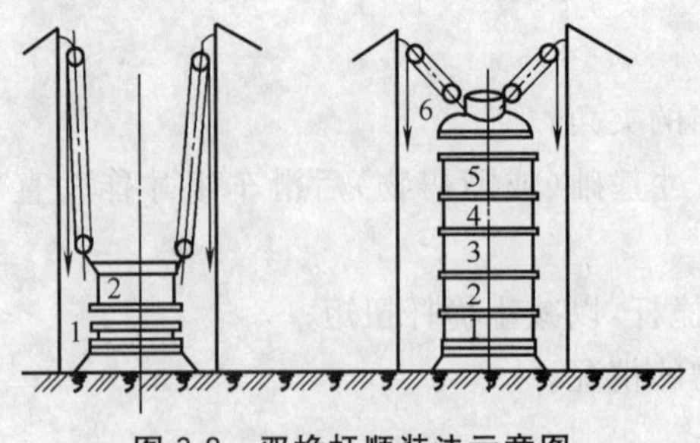

图 3-8　双桅杆顺装法示意图

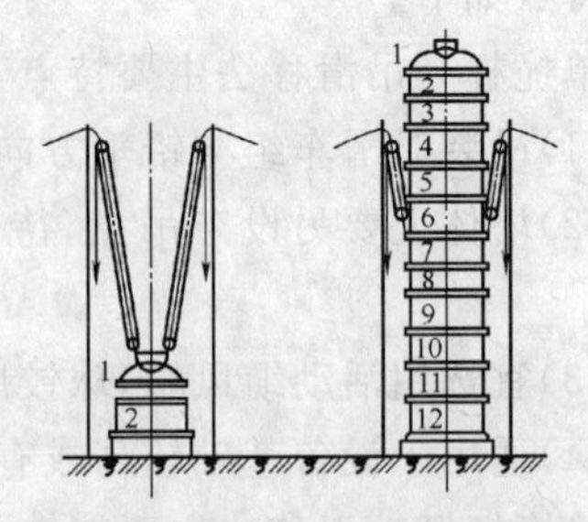

图 3-9　双桅杆倒装法示意图

3. 双桅杆整体递夺吊装法

在吊装中小型设备群时，在设备基础两侧竖立两根桅杆，如图 3-10 所示，起吊的顺序是先将设备吊升到一定高度（比基础标高要高），然后利用两个桅杆的滑车组一放一收的协调动作，便可把设备在空中传递到所要求的基础上去，进行找正安装。

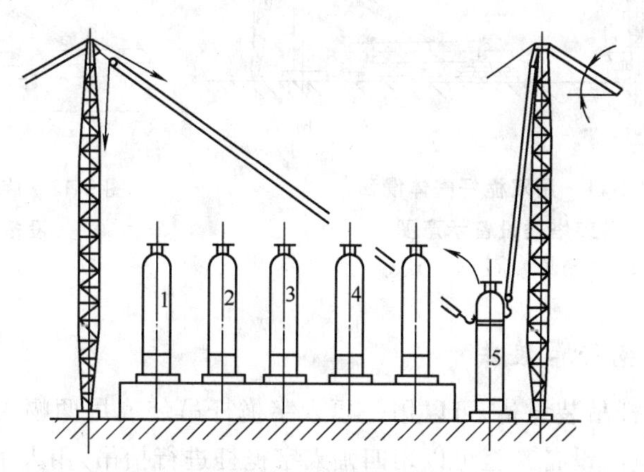

图 3-10　用双桅杆整体递夺吊装塔类设备示意图

4. 双桅杆整体滑移吊装法

双桅杆整体滑移吊装法，适用于吊装重量、高度和直径都较大的设备，此法是安装工地上最常用最典型的一种整体吊装法。在起吊时，每根桅杆可用一台（单式滑车组）或两台（双联滑车组）卷扬机来牵引，要求卷扬机在操作时互相协调，另外在塔底裙座处一般要加滚排，如图 3-11 所示，并且要前牵后溜，防止塔体向前移动时速度不均匀，使吊装中产生颤动或向前移动速度过快而造成设备与基础相撞。

滑移法吊装是重型立式设备整体吊装的主要方法之一，与扳吊法相比突出的优点在于对设备基础不产生水平推力。

5. 双桅杆旋转法吊装设备

如图 3-12 所示，双桅杆旋转法吊装是利用设备基础上设置的铰链，在起吊滑车组的作用下，将塔类设备完成 90°的翻起就位，每根桅杆上的滑车组可根据情况设置一组至几组，以便控制塔类设备的转动。

用双桅杆旋转法吊装设备，桅杆的高度可以低于设备的高度，当塔类设备旋转到其吊点与桅杆高度水平时，塔类设备的轴线与地面成 60°吊装时，对设备基础有较大的水平推力。应进行严格验算，为减小对设备基础的水平推力，可以用其他吊装机械将塔类设备头部先抬至一定角度，再进行旋转法吊装。

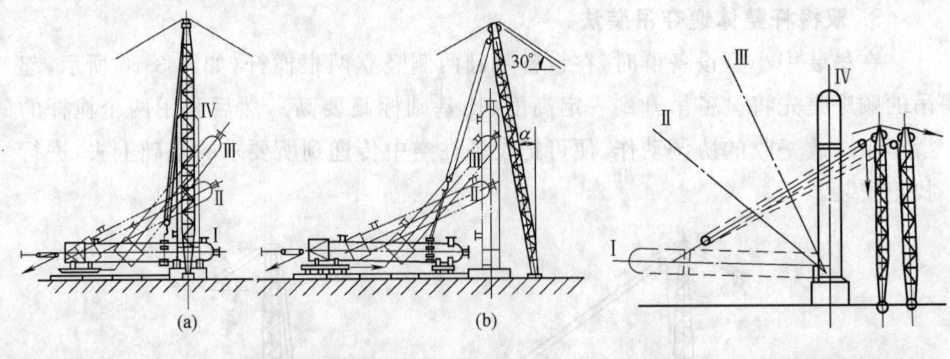

图 3-11 用双桅杆整体滑移吊装塔类设备示意图

(a)原始状态;(b)直立状态

图 3-12 旋转法吊装塔类设备示意图

三、人字桅杆吊装法

用人字桅杆吊装设备,可以用一幅人字桅杆吊装或用两幅人字桅杆进行抬吊,对又长又重的设备甚至可以用四幅人字桅杆进行抬吊,用人字桅杆吊装设备就位的方法有直接起吊、递夺吊、滑移法吊装、旋转法吊装和扳倒法吊装等,用扳倒法吊塔类、烟囱类等有铰链的设备,用人字桅杆最有利,因为扳倒法涉及的因素多,操作方法比较复杂,而人字桅杆与独脚桅杆、双桅杆等相比,具有轻便、立拆方便、双力状况好、易控制、缆风绳少和简单易行等优点,故用扳倒法吊装设备,人字桅杆是最佳选择。

选用人字桅杆吊装时应注意:人字桅杆一般搭成 25°～35°(在交叉处)夹角。在交叉地方捆绑两根缆风绳,并在交叉处挂上滑车,在其中一根桅杆的根部设置一个导向滑车,使起重滑车组引出端经导向滑车引向卷扬机。桅杆下部两脚之间,用钢丝绳连接固定。如桅杆需倾斜起吊重物时,应注意在倾斜方向前方的桅杆根部用钢丝绳固定两脚,以免桅杆受力后根部向后滑移。

第二节 运行式起重机吊装工艺

一、起重机的选择和吊装工艺选择

1. 起重机的选择

起重机是一种间歇动作的机械,它的工作特征是周期性的,选择起重机主要根据被吊设备的几何尺寸、安装部位(包括基础的形式和高度)来确定起升高度(H)和幅度(R),从而确定吊臂的长度(L)和仰角(α),再根据设备的重量(Q)选择起重机的起重能力,这些均须符合起重机特性曲线的要求,即符合起升高度特

性曲线 $H=f(R)$ 和起重量特性曲线 $Q=f(R)$ 的要求。

根据设备的几何尺寸和基础形式及标高，具体选择起重机吊臂长度 L 和仰角 α 有以下两种方法。

(1)对于较细长的设备，在吊装时设备不易碰起重吊臂，而主要是应保证有一定的起吊高度，以把设备吊起到预定位置，故应根据设备的轴向尺寸(包括基础高度)进行选择。

(2)对于较粗大的设备，设备起吊过程中碰起重吊臂等是主要矛盾，此时应根据水平间隙选择，即要考虑设备吊装时不能碰撞起吊臂。

根据轴向尺寸选择是把设备吊起腾空作为主要矛盾，根据水平间隙选择则是把避免起吊过程中碰杆作为主要矛盾，对于介于两者之间的设备，两种情况均需考虑，此时可用一种方法选择，而用另一种方法验算，使之同时满足要求。

起重机的起吊高度在起重作业中十分重要，它是根据起吊设备与构件的高度决定的，包括设备高度、索具高度、没备吊装到位后悬吊的工作间隙，基础高度，以上诸项之和即为起吊高度。

综上，运行式起重机选用的依据是：

(1)起重机在所用臂长时的最大起重量应大于设备重量；

(2)起重机的吊钩升起的最大高度能满足设备进位的需要；

(3)起重机吊装位置满足现场条件；

(4)在设备起升到所需要就位的最高位置时不能碰撞起重吊臂。

2. 吊装工艺的选择

施工现场将设备吊装到预定位置有单机吊装、双机抬吊、三机或多机抬吊，有旋转法吊装、滑移法吊装等多种方法，根据场地及单位机械情况亦可用上节所述的各种桅杆进行起吊，具体选择吊装工艺时一般从以下几方面进行考虑。

(1)设备外形尺寸 主要根据所吊设备的外形尺寸及施工场地的具体情况，选择恰当的吊装工艺。

(2)设备的起重能力即根据设备的重量和外形尺寸确定起重机的型号和规格。汽车式、轮胎式和履带式起重机使用中，要注意被吊物的重量接近额定负荷工况时，与实际重量的出入不得大于3%。

(3)经济角度和进度要求从经济角度考虑若选用过大吨位起重机或多台起重机抬吊，将增加吊装费用，另外从进度考虑小吨位起重机可能使工期延长，所以应选用恰当的吊装工艺和吊装设备，以加快施工进度和保证工期。总之两方面都要兼顾。

(4)本单位现有机械即从经济上和使用方便上考虑，应尽量使用本单位现有的起重机，不用或少用租赁起重机。

(5)安全角度安全是第一位的，所选施工方法，必须确保安全无误。

二、吊装工艺

1. 单机吊装工艺

单机吊装设备的方法较多，常用的有滑移法与旋转法。

(1)单机滑移法如图 3-13 所示，在单机起吊设备的过程中，起重机只提升吊钩，从而使设备滑行吊起。

用滑移法时，为了减少设备与地面的摩擦，需在设备底座下设置拖排、滚杠并铺设滑道。在设备预装配和运输时，将吊点布置在基础中心附近，并使绑扎点和基础中心同在起重机的回转半径上，便于设备吊离地面后，稍稍转动起重臂，即可就位。

(2)单机旋转法如图 3-14 所示，起重机采用边起吊边回转，使设备绕底座旋转而将设备在基础上竖直。

用旋转法时为便于提高吊装效率，应使设备基础中心、设备底座中心和设备绑扎点这三点在起重机的回转半径上。

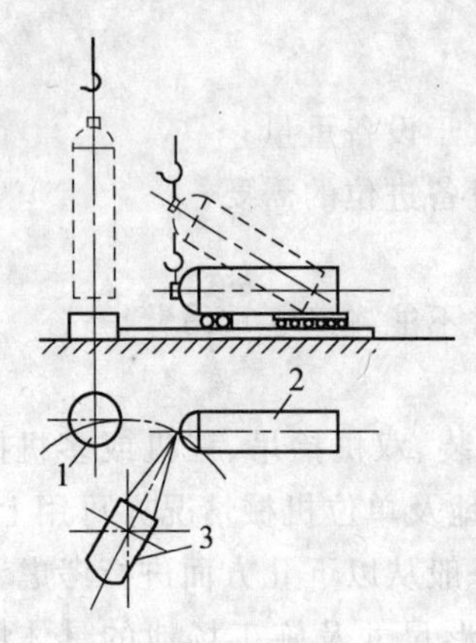

图 3-13 单机滑移法吊装设备

1—安装基础；2—被吊设备；3—起重机

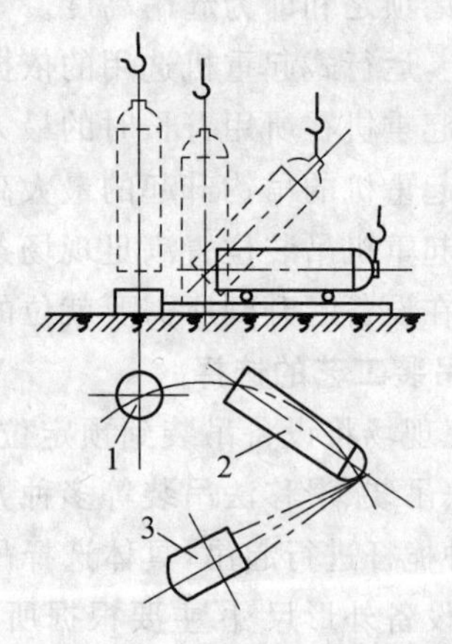

图 3-14 单机旋转法吊装设备

1—安装基础；2—被吊设备；3—起重机

2. 双机吊装工艺

(1)滑移法。

双机抬吊滑移法平面布置如图 3-15 所示，其起吊点应尽量靠近基础，其吊装顺序为：

1)两台起重机站在基础两旁，并使两机回转中心连线过基础中心；

2)两台起重机的吊点应在设备同一截面上的两对称点上，设备尾部应加设尾排，滚杠和走道木；

3)两机保持垂直提升，设备底部逐渐向前滑移(最好前牵后溜)，直至设备垂直吊离地面为止；

4)在统一指挥下，两机以相同的运行速度向设备基础方向移动或升降吊臂，直到被吊设备达到基础的正上方。然后两台起重机同时缓慢落钩，使设备在基础上就位，用仪器找正、找平后将其固定；

5)拆卸吊具，吊装完成。

从吊装顺序可以看出，双机抬吊滑移法吊装工艺和等高双桅杆滑移法吊装设备相似，因此最好选择两台相同的起重机。

(2)递送法。

双机抬吊递送法如图 3-16 所示，它是由单机滑移法演变而来的，用单机滑移法吊装设备时，需在设备尾部设置尾排，滚杠和走道木，比较费时，机具准备麻烦，劳动强度大，效率低，双机递送法中的两台起重机一台作为主机起吊设备，另一台作为副机起吊设备尾部，即起到尾排、滚杠与走道木的作用，配合主机起钩。随着主机的起吊，副机要回转，将设备递送到基础上面，主机再边起钩边回转使设备转至直立状态就位。

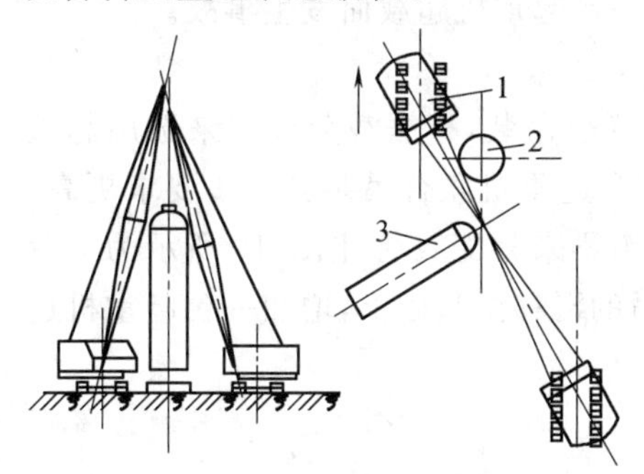

图 3-15　双机抬吊的滑行法

1—履带式起重机；2—设备安装基础；3—被吊装设备

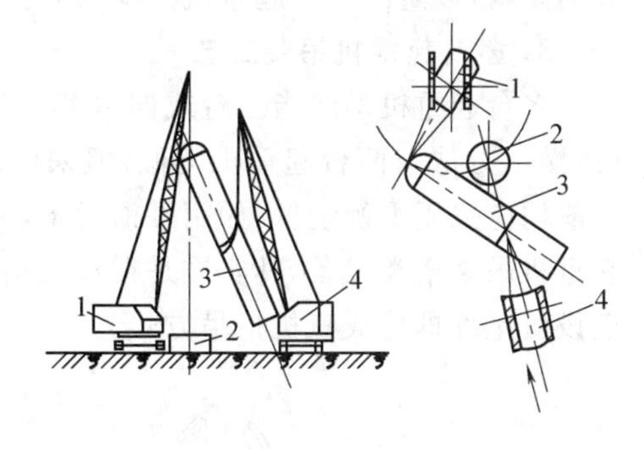

图 3-16　双机抬吊递送法

1—主机；2—安装基础；3—被吊装设备；4—副机

(3)旋转法。

双机旋转法如图 3-17 所示，其吊装步骤为：主副机同时起吊。使构件离开地面，当离开地面的高度大于副机吊点高度时，如图 3-17(a)所示，副机停止提升，主机继续提升，如图 3-17(b)所示，使构件转至直立状态为止；(b)主副机同时进向柱子基础方向回转，并使柱子对准基础为止；(c)主副机同时缓慢落钩，使构件准确落于基础内而就位。

以上介绍的双机吊装工艺中，应注意吊装动作的同步和载荷分配问题，在吊装作业中，由于两台起重机起吊速度快慢的不一致，臂杆回转的不协调，均会造成起重机载荷分配的不均匀，从而发生事故，所以在采用双机抬吊时，应尽量选

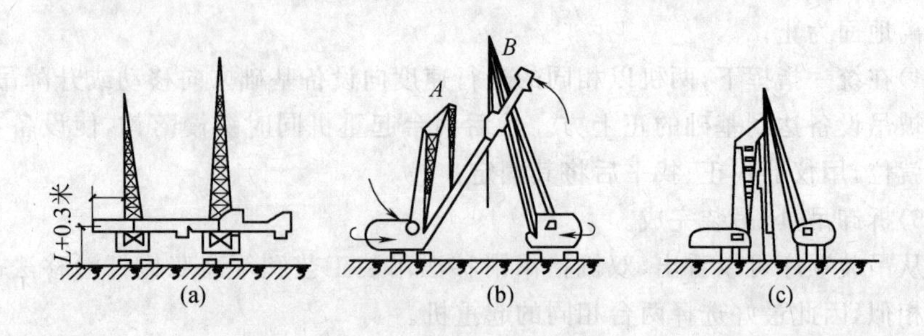

图 3-17 双机抬吊旋转法

(a)主副机同时提升;(b)副机停止提升;(c)设备直立就位

择两台同类型起重机，如现场条件限制，可根据起重机的类型和特点，在确定绑扎位置和吊点选择时，对两台起重机进行合理的载荷分配，一般采用平衡梁原理进行分配，但为确保吊装的安全可靠，两台起重机所受载荷不宜超过其额定起重量的75%，另外在操作过程中，两台起重机的动作必须同步，且两吊钩不能有较大的倾斜，以防因一台起重机失稳，致使另一台起重机超载而发生事故。

3. 多台起重机吊装工艺

多台起重机吊装指三台或四台起重机联合吊装，根据载荷分配来选用起重机，操作方法与两台起重机类似，但采用多台起重机联合吊装其同步要求更高，一般均应采用平衡装置，如用平衡滑车，平衡梁来分配载荷，图 3-18 所示为三台起重机吊装塔类设备，其实质是在双机抬吊的滑移法基础上，增加一台起重机递送设备尾部即构成三机抬吊方式。

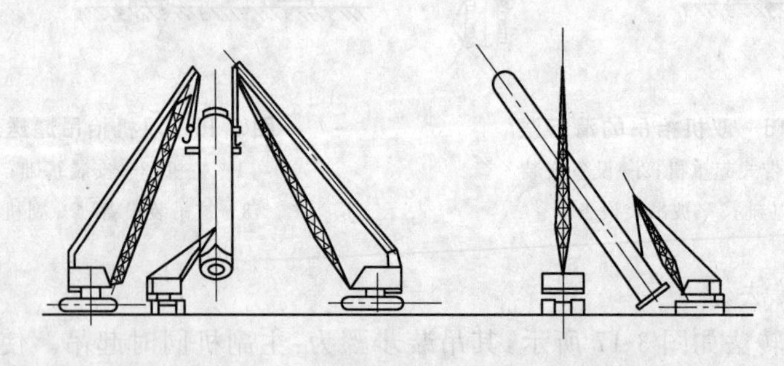

图 3-18 用三台起重机吊装塔类设备

第四章 构件的运输、堆放与拼装

第一节 构件运输

一、构件运输基本要求

(1)运输道路必须平整坚实,经常维修,并有足够的路面宽度和转弯半径。载重汽车的单行道宽度不得小于3.5 m,拖车的单行道宽度不得小于4 m,双行道宽度不得小于6 m;采用单行道时,要有适当的会车点。载重汽车的转弯半径不得小于10 m,半拖式拖车的转弯半径不宜小于15 m,全拖式拖车的转弯半径不宜小于20 m。

(2)构件运输时的混凝土强度,如设计无要求时,一般构件不应低于设计强度等级的70%,屋架和薄壁构件应达到100%。

(3)钢筋混凝土构件的垫点和装卸车时的吊点,不论上车运输或卸车堆放,都应按设计要求进行。叠放在车上或堆放在现场上的构件,构件之间的垫木要在同一条垂直线上,且厚度相等。

(4)构件在运输时要固定牢靠,以防在运输中途倾倒,或在道路转弯时车速过高被甩出。对于屋架等重心较高、支承面较窄的构件,应用支架固定。

(5)根据路面情况掌握行车速度,道路拐弯必须降低车速。

(6)根据工期、运距、构件重量、尺寸和类型以及工地具体情况,选择合适的运输车辆和装卸机械。

(7)根据吊装顺序,先吊先运,保证配套供应。

(8)对于不容易调头和又重又长的构件,应根据其安装方向确定装车方向,以利于卸车就位。必要时,在加工场地生产时,就应进行合理安排。

(9)构件进场应按结构构件吊装平面布置图所示位置堆放,以免二次倒运。

(10)若采用铁路或水路运输时,须设置中间堆场临时堆放,再用载重汽车或拖车向吊装现场转运。

(11)构件利用铁路运输时,其外形尺寸应不超过《标准轨距铁路机车车辆限界》(GB146.1—1983)中规定的限界尺寸,其中在全国标准铁路运输时,装载的限界尺寸应不超过机车车辆的限界,如图4-1(a)所示。按国标《标准轨距铁路建筑限界》(GB146.2—1983)建筑限界标准运输时,最大级超限货物装载的限界尺寸如图 4-1(b)所示。

(12)采用公路运输时，若通过桥涵或隧道，则装载高度，对二级以上公路不应超过 5 m；对三、四级公路不应超过 4.5 m。

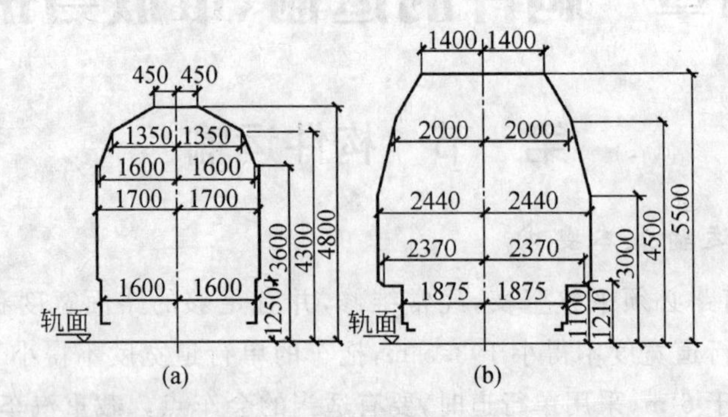

图 4-1 铁路运输装载的限界尺寸

(a)基本货物装载限界尺寸；(b)最大级超限货物装载限界尺寸

二、构件运输方法

这里仅叙述柱子、屋面梁、屋架等三类构件的运输方法，吊车梁、屋面板等一般构件可参照实施，特殊构件应制定专门运输方案。

1. 柱子运输方法

长度在 6 m 左右的钢筋混凝土柱可用一般载重汽车运输(图 4-2～图4-4)，较长的柱则用拖车运输(图 4-5～图 4-7)。拖车运长柱时，柱的最低点至地面距离不宜小于 1 m，柱的前端至驾驶室距离不宜小于 0.5 m。

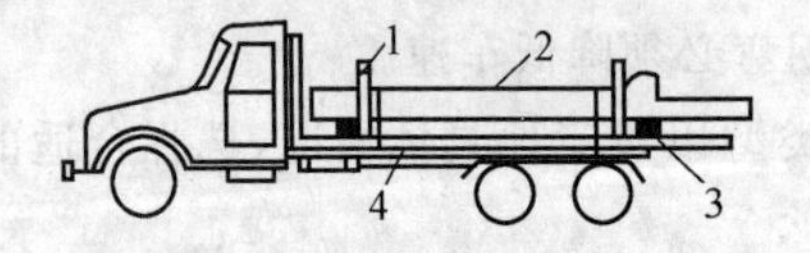

图 4-2 载重汽车上设置平架运短柱

1—运架立柱；2—柱；3—垫木；4—运架

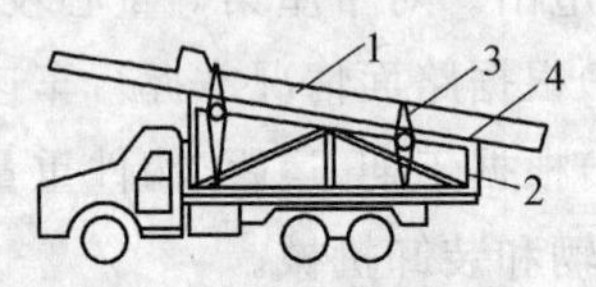

图 4-3 载重汽车上设置空间支架(斜架)运短柱

1—柱子；2—运架；3—捆绑钢丝绳及捯链；4—轮胎垫

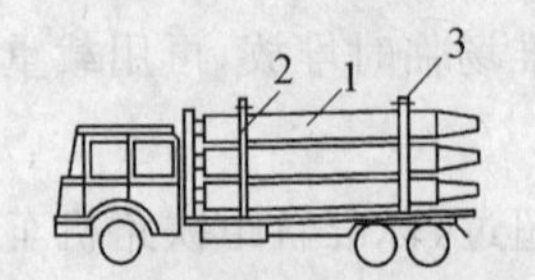

图 4-4 载重汽车运框架柱

1—框架柱；2—运架立柱；3—捆绑钢丝绳及捯链

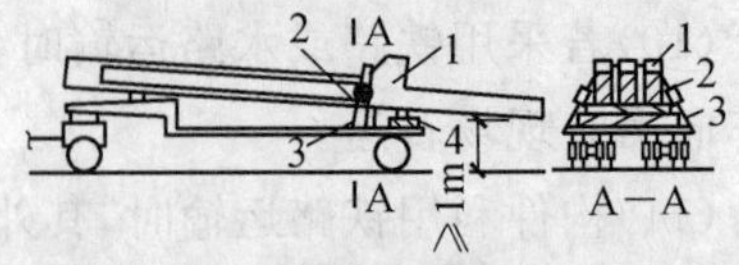

图 4-5 用拖车两点支承运长柱

1—柱子；2—捯链；3—钢丝绳；4—垫木

较长的柱在运输车上的支垫方法，一般用两点支承(图 4-5)。如采用两点支承柱的抗弯能力不足时，应用平衡梁三点支承(图 4-6)，或增设一个辅助垫点(图 4-7)。

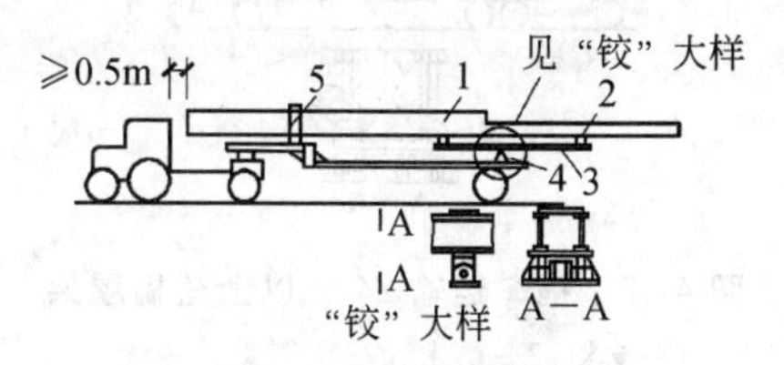

图 4-6　拖车上设置“平衡梁”三点支承运长柱

1—柱子；2—垫木；3—平衡梁；4—铰；5—支架(稳定柱子用)

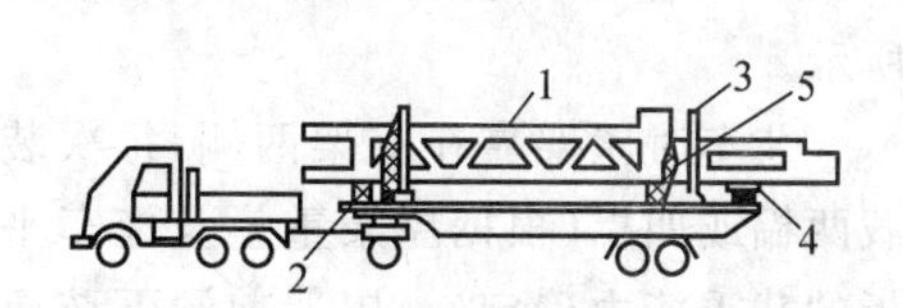

图 4-7　拖车上设置辅助垫点(擎点)运长柱

1—双肢柱；2—垫木；3—支架；4—辅助垫点；5—捆绑捯链和钢丝绳

2. 屋面梁运输方法

屋面梁的长度一般为 6～15 m，6 m 长屋面梁可用载重汽车运输(图 4-8)；9 m长以上的屋面梁，一般都在拖车平板上搭设支架运输(图 4-9)。

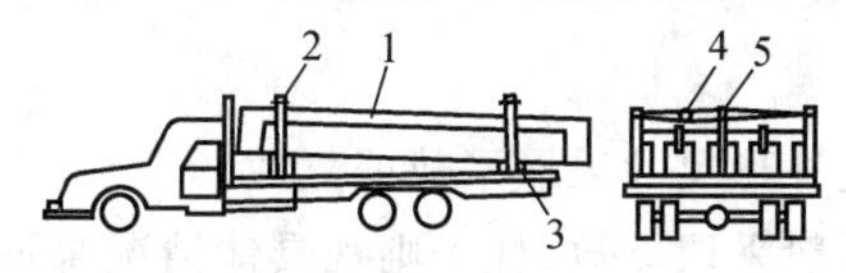

图 4-8　载重汽车运 6 m 长屋面梁

1—屋面梁；2—运架立柱；3—垫木；4—捆绑钢丝绳和捯链；5—50 mm×100 mm 方木

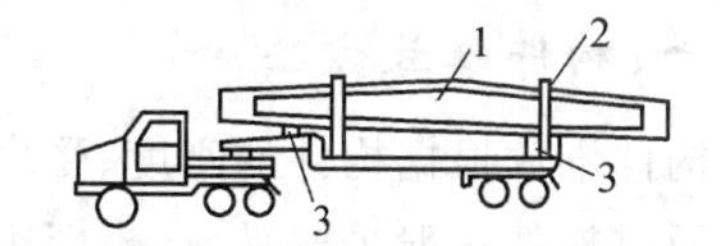

图 4-9　拖车运 9 m 以上屋面梁

1—屋面梁；2—运架立柱；3—垫木

3. 屋架运输方法

6～12 m 跨度的屋架或块体可用汽车或在汽车后挂“小炮车”运输(图 4-10)。

15～21 m 跨度的整榀屋架可用平板拖车运输(图 4-11)。

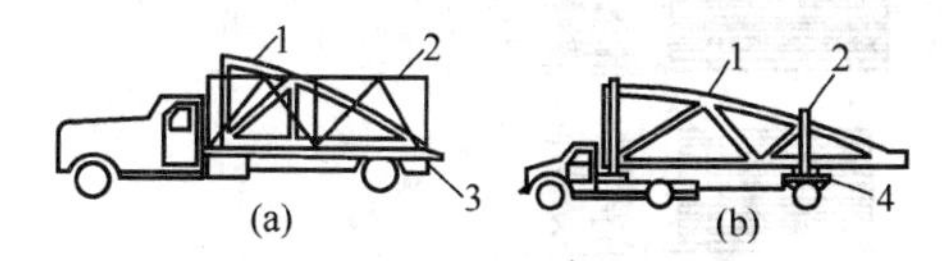

图 4-10　载重汽车运屋架块体

(a)普通汽车运输；(b)汽车后挂“小炮车”运输；1—屋架；2—钢运架；3—垫木；4—转盘

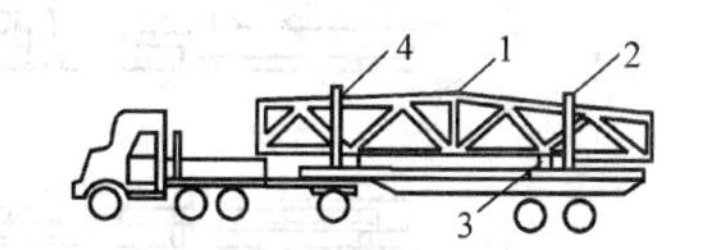

图 4-11　平板拖车运输 24 m 以内整榀屋架

1—屋架；2—支架；3—垫木；4—捆绑钢丝绳和捯链

24 m以上的屋架，一般都采取半榀预制，用平板拖车运输，如采取整榀预制，则需在拖车平板上设置牢固的钢支架并设“平衡梁”进行运输，如图 4-12 所示。

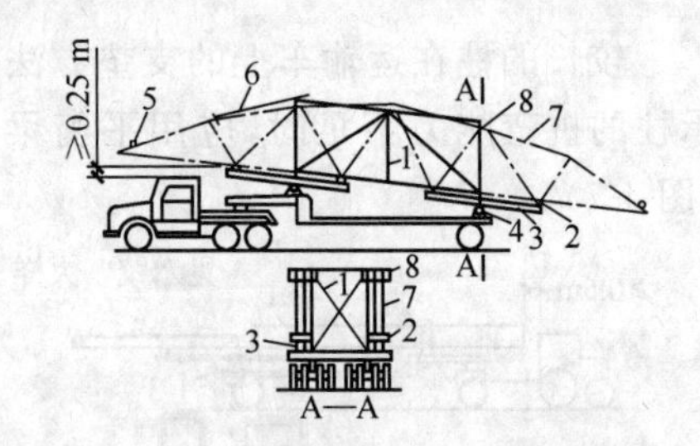

图 4-12　拖车运输 24 m 以上整榀屋架

1—支架；2—垫木；3—平衡梁；4—铰；5—木杆；6—竹竿；7—屋架；8—捆绑绳索

装车时屋架靠在支架两侧，每次装载两榀或四榀(根据屋架重量及拖车平板的载重能力确定)。屋架前端下弦至拖车驾驶室的距离不小于 0.25 m，屋架后端距地面不小于 1 m。屋架上弦与支架用绳索捆绑，下弦搁置在平衡梁上。在屋架两端用木杆将靠在支架两侧的屋架连成整体，并在支架前端与屋架之间绑一竹竿，以便顺利通过下垂的电线。

第二节　构件堆放与拼装

一、构件堆放方法

构件堆放根据构件的刚度、受力情况及外形尺寸采取平放或立放。

板类构件一般采取平放，桁架类构件一般采取立放，柱子则视具体情况采取平放或立放(柱截面长边与地面垂直称立放，截面短边与地面垂直称平放)。普通柱、梁、板的堆放方法如图 4-13 所示；屋架、屋面梁和托架等构件在专用堆放场和临时堆放场的堆放方法如图 4-14 所示；屋架在现场就位的堆放方法如图 4-15所示。

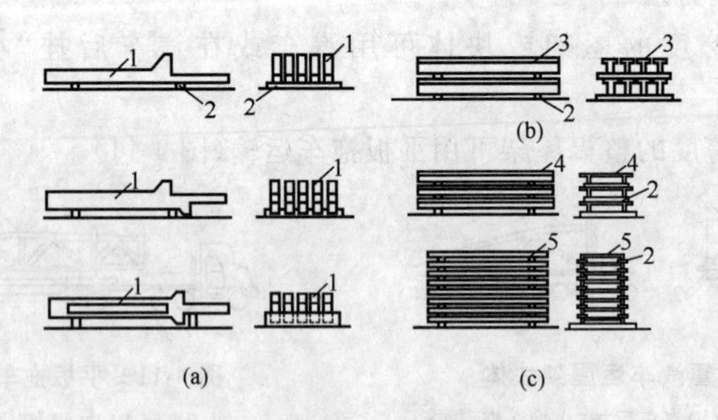

图 4-13　普通柱、梁、板的堆放方法

(a)柱子堆放；(b)梁堆放；(c)板堆放

1—柱；2—垫木；3—T 形梁；4—双 T 板；5—大型屋面板

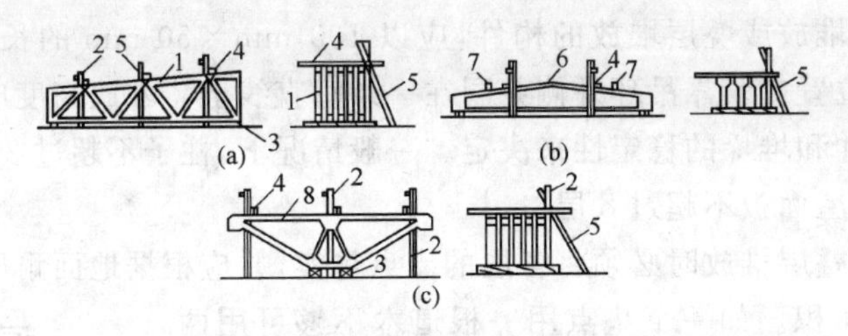

图 4-14　屋架、屋面梁和托架在专用堆放场的堆放方法

(a)屋架堆放；(b)屋面梁堆放；(c)托架堆放

1—屋架；2—支架立柱；3—垫墩；4—横拉木杆；

5—斜撑；6—屋面梁；7—吊环；8—托架

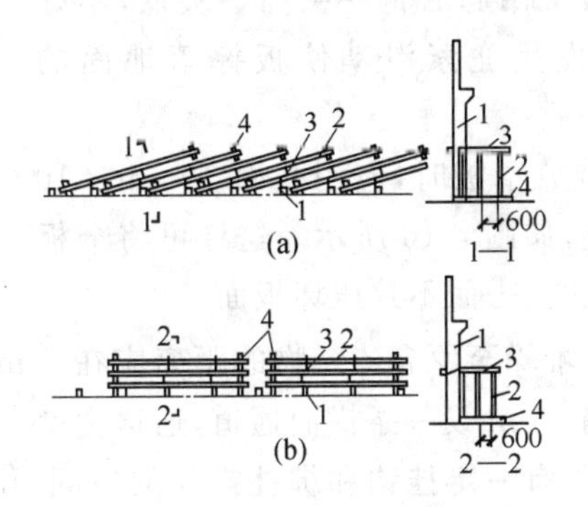

图 4-15　屋架在吊装现场的堆放方法

(a)斜向排放；(b)纵向排放

1—柱子；2—屋架；3—木杆；4—垫木

二、构件堆放注意事项

(1)堆放场地地面必须平整坚实，排水良好，以防构件因地面不均匀下沉而造成倾斜或倾倒摔坏。

(2)构件应按工程名称、构件型号、吊装顺序分别堆放，堆放的位置应尽可能在起重机回转半径范围以内。

(3)构件堆放的垫点应设在设计规定的位置。如设计未规定，应通过计算确定。

(4)柱子堆放应注意避免变截面处(如牛腿的上平面位置)产生裂缝，一般宜将该处垫点设在牛腿以上，距牛腿面 30～40 cm 处；单牛腿的柱子宜将牛腿向上堆置，可参见图 4-15(a)。

(5)对侧向刚度差、重心较高、支承面较窄的构件，如屋架、薄腹梁等，在堆放时，除两端垫方木外，并须在两侧加设撑木或将几个构件用长木杆以 8 号铅丝绑扎连接在一起，以防倾倒。

(6)成垛堆放或叠层堆放的构件,应以 100 mm×50 mm 的长方木垫隔开。各层垫木的位置应紧靠吊环外侧并同在一条垂直线上。堆放高度应根据构件形状、重量、尺寸和堆垛的稳定性来决定。一般情况下,柱子不超过 2 层,梁不宜超过 3 层,大型屋面板不超过 8 层。

(7)构件叠层堆放时必须将各层的支点垫实,并应根据地面耐压力确定下层构件的支垫面积。如一个垫点用一根道木不够可用两根道木或采用砖砌支墩。

(8)采用兜索起吊的大型空心板,堆放时应使两端垫木距板端的尺寸基本一致,以便吊装时可从两端对称地放入兜索。否则,板被吊起后将一头高一头低,不好安装就位,并且可能发生兜索滑动使板摔落地面的事故。

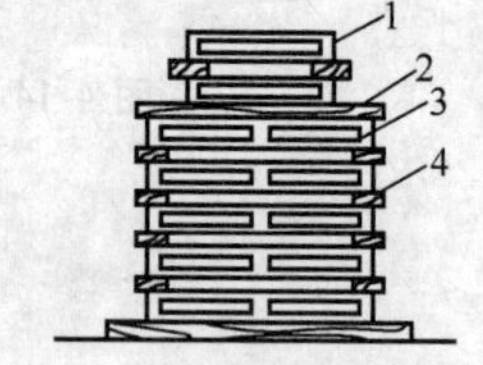

图 4-16 宽板上堆放窄板的方法

1—窄板;2—通长垫木;3—宽板;4—短垫木

(9)当在宽板上堆放窄板时,应用截面 10 cm×10 cm 以上的长垫木支垫,如图 4-16 所示。这样可将窄板的重量传到宽板的纵肋上去而不致压坏板面。

(10)构件堆放时,堆垛至原有建筑物的距离应在 2 m 以上,每隔 2~3 堆垛设一条纵向通道,每隔 25 m 设一条横向通道,通道宽度一般取 0.8~0.9 m。

(11)构件堆放必须有一定挂钩和绑扎操作的空间,相邻的梁板类构件净距不得小于 0.2 m;相邻的屋架净距,要考虑安装支撑连接件及张拉预应力钢筋等操作的方便,一般可为 0.6 m。

(12)屋架在现场堆放,当采用双机抬吊法吊装时,往往不能靠柱子堆放,此时,可在地上埋木杆稳定屋架。木杆埋设数量、埋深及截面尺寸,根据屋架跨度确定,见表 4-1。

表 4-1 埋设稳定屋架用木杆数量、深度及截面尺寸

屋架跨度/m	埋杆数量/根	埋设深度/cm	木杆截面尺寸/cm
18	2	80	12×12(或梢径 ϕ10)
24	3	80	12×12(或梢径 ϕ10)
27	3	100	14×14(或梢径 ϕ12)
30	4	100	14×14(或梢径 ϕ12)

三、构件拼装

构件拼装有平拼和立拼两种方法。平拼不需要稳定措施,不需要任何脚手架,焊接大部分是平焊,故操作简便,焊缝质量容易保证。但多一道翻身工序,大

型屋架在翻身中容易损坏或变形，所以一般情况下，小型构件，如 6 m 跨度的天窗架和跨度在 18 m 以内的桁架采用平拼；大型构件，如跨度为 9 m 的天窗架和跨度在 18 m 以上的桁架采用立拼。立拼必须要有可靠的稳定措施。

用立拼法拼装预应力混凝土屋架（图 4-17）具体方法如下。

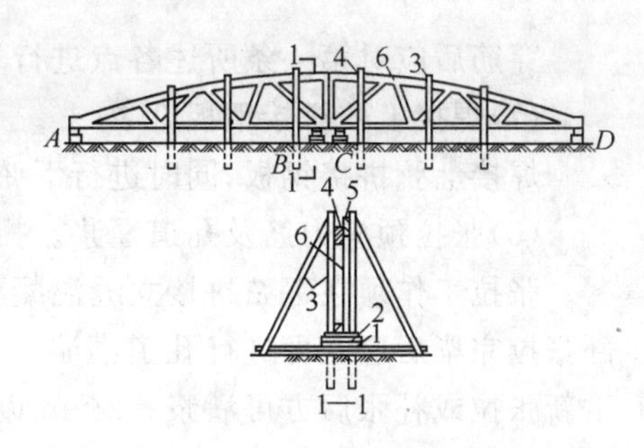

图 4-17　预应力混凝土屋架的拼装

1—砖砌支垫；2—方木或钢筋混凝土垫块；3—三角架；4—8 号铅丝；5—木楔；6—屋架块体

（1）做好屋架块体的支垫。

每个屋架块体做两个支垫（如图 4-17 中的 A、B 及 C、D 四点），为节约木材，支垫下部可用砖砌筑（基础要夯实），支垫的平面尺寸根据块体重量确定。各支垫的距离根据块体长度确定，两端支垫（图中的 A、D 两点）布置在屋架的端节点上，中间支垫（图中的 B、C 两点）应距屋架中节点 40～50 cm（即两个中间支墩相距 80～100 cm），以便于焊接下弦拼接钢板。砖砌体以高出地面 30 cm 为宜，支垫应砌到同一标高，然后在上面根据屋架的起拱高度，放置所需厚度的方木或预制混凝土块，并在上面弹出直线和屋架跨度尺寸线，作为拼装屋架的依据（以下称拼装基准线）。

（2）竖立三角架（支架）。

三角架是稳定屋架用的，必须牢固可靠。三角架中的立柱可在屋架块体就位前埋入土中 1 m 以上（梢径不宜小于 10 cm），每榀屋架需 6～8 道三角架，其位置应与屋架的拼装节点、安装支撑连接件的预留孔眼或预埋铁件等相错开。

（3）块体就位。

屋架块体就位前应检查预应力筋孔道是否畅通，如有堵塞应予清除。然后将块体吊到支垫上，按基准线对准就位。须注意下弦拼接点处，要使穿预应力筋的孔道对准，并用铁皮管将两块体的孔道连通。铁皮管的作用，一是使预应力筋能顺利通过孔道，二是防止节点灌缝时混凝土渣流入孔内造成堵塞。

（4）检查与校正。

屋架就位后，应检查下弦起拱高度、跨度、上下弦旁弯和上节点是否整齐等。如上弦节点不齐，可用木楔找正；起拱高度如有走动，可在中间支垫点附近用千斤顶将块体顶起，并用厚度合适的垫块来校正起拱的高度。

（5）穿预应力筋。

穿筋要按次序，并在中间拼接点处和另一端设专人看护，以防预应力筋通过中间拼接处时将连接管碰撞移位或穿出孔道过长。

（6）复查与复校。

穿筋后应对第 4 条所述各点进行复查，如有变化需进行复校。

(7)焊接上弦拼接钢板。

焊接上弦拼接钢板，同时进行下弦接头的灌缝工作。

(8)张拉预应力筋及孔道灌浆。

张拉工作须在下弦拼接立缝混凝土强度达到设计要求后进行。预应力筋全部张拉完毕后应立即进行孔道灌浆。若当天张拉的屋架来不及灌浆，次日必须重新张拉或补张后方可灌浆。24 m 以上跨度屋架的预应力筋张拉应两端同时进行。若因条件限制采取一端张拉时，应在另一端进行补张。

(9)灌缝。

焊接下弦拼接钢板并进行上弦接头的灌缝工作。

第五章　混凝土预制构件吊装

第一节　柱子吊装

一、准备工作

(1)现场预制的钢筋混凝土柱,应用起重机将柱身翻转90°,使小面朝上,并移到吊装的位置堆放。现场预制位置应尽量在基础杯口附近,使吊装时吊车能直接吊起插入杯口而不必走车。

(2)检查厂房的轴线和跨距。

(3)在柱身上弹出中线,可弹三面,两个小面和一个大面。

(4)基础弹线。在基础杯口的上面、内壁及底面弹出房屋设计轴线(杯底弹线在抹找平层后进行),并在杯口内壁弹出供抹杯底找平层使用的标高线。

(5)抹杯底找平层。根据柱子牛腿面到柱脚的实际长度和标高线,用水泥砂浆或细石混凝土粉抹杯底,调整其标高,使柱安装后各牛腿面的标高基本一致。

(6)将杯口侧壁及柱脚在其安装后将埋入杯口部分的表面凿毛,并清除杯底垃圾。

(7)准备吊装索具及测量仪器。

二、绑扎

柱的绑扎位置和绑扎点数,应根据柱的形状、断面、长度、配筋部位和起重机性能等情况确定。自重13 t以下的中、小型柱,大多绑扎一点;重型或配筋少而细长的柱,则需绑扎2～3点。有牛腿的柱,一点绑扎的位置常选在牛腿以下,如上部柱较长,也可绑在牛腿以上。工字形断面柱的绑扎点应选在矩形断面处,否则,应在绑扎位置用方木加固翼缘(图5-1)。双肢柱的绑扎点应选在平腹杆处。

图5-2所示是斜吊法绑扎示例。吊索从柱的上面引出,不用横吊梁,柱不必翻身(只有不翻身起吊不会产生裂缝时才可用斜吊法)。

图5-3所示是垂直吊法绑扎示例。吊索从柱的两侧引出,上端通过卡环或滑车挂在横吊梁上。对于断面较大的柱,可用长短吊索各一根绑扎。一般情况下都需将柱翻身。

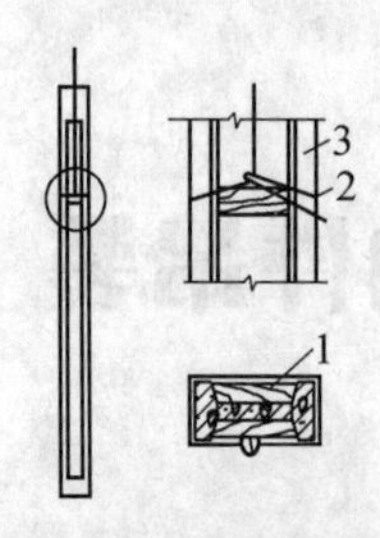

图 5-1　工字形柱绑扎点加固

1—方木；2—吊索；

3—工字形柱

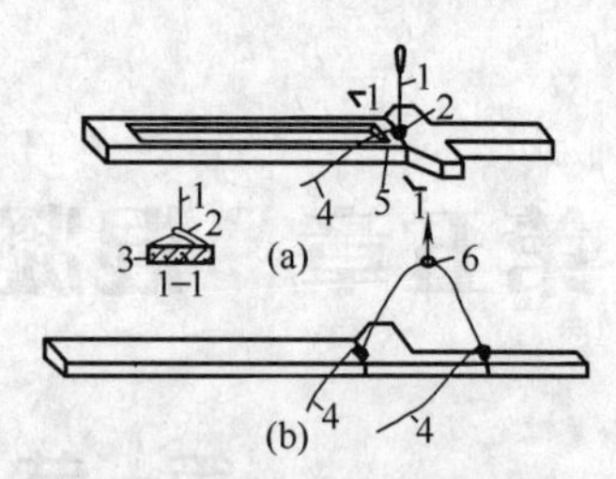

图 5-2　斜吊法绑扎示例

(a)一点绑扎；(b)两点绑扎

1—吊索；2—活络卡环；3—柱；

4—白棕绳；5—铅丝；6—滑车

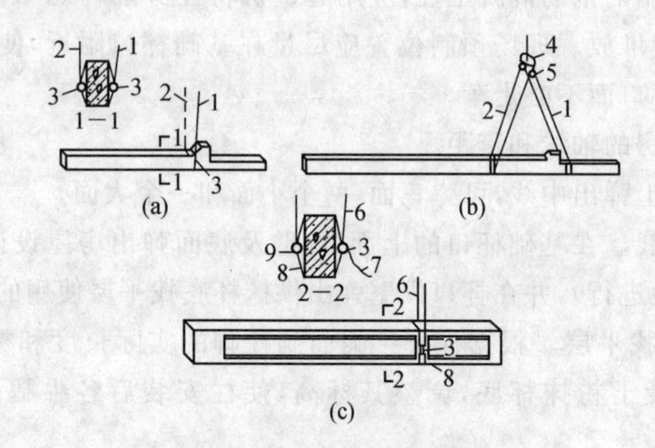

图 5-3　垂直吊法绑扎示例

(a)一点绑扎；(b)两点绑扎；(c)长短吊索绑扎

1—第一支吊索；2—第二支吊索；3—活络卡环；4—横吊梁；5—滑车；

6—长吊索；7—白棕绳；8—短吊索；9—普通卡环

图 5-4 所示是双机或三机抬吊(垂直吊法)的绑扎示例。

图 5-5 所示是双机抬吊(斜吊法)的绑扎示例。

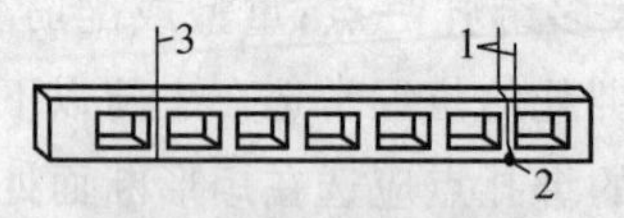

图 5-4　双机或三机抬吊

(垂直吊法)绑扎示例

1—主机长吊索；2—主机短吊索；

3—副机吊索

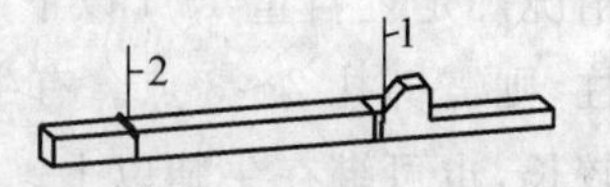

图 5-5　双机抬吊

(斜吊法)绑扎示例

1—主机吊索；2—副机吊索

三、起吊

1. 单机吊装

单机吊装柱有旋转法和滑行法两种。

(1)旋转法。起重机边起钩边回转,使柱子绕柱脚旋转而吊起柱子的方法叫旋转法(图 5-6)。用此法吊柱时,为提高吊装效率,在预制或堆放柱时,应使柱的绑扎点、柱脚中心和基础杯口中心三点共圆弧,该圆弧的圆心为起重机的停点,半径为停点至绑扎点的距离。

(2)滑行法。起吊柱过程中,起重机只起吊钩,使柱脚滑行而吊起柱子的方法叫滑行法(图 5-7)。用滑行法吊柱时,在预制或堆放柱时,应将起吊绑扎点(两点以上绑扎时为绑扎中点)布置在杯口附近,并使绑扎点和基础杯口中心两点共圆弧,以便将柱吊离地面后稍转动吊杆(或稍起落吊杆)即可就位。同时,为减少柱脚与地面的摩阻力,需在柱脚下设置托板、滚筒,并铺设滑行道。

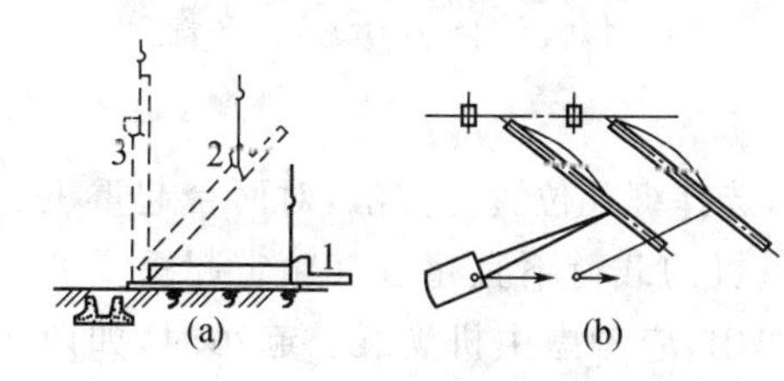

图 5-6　用旋转法吊柱

(a)旋转过程;(b)平面布置

1—柱平放时,2—起吊中途;3—直立

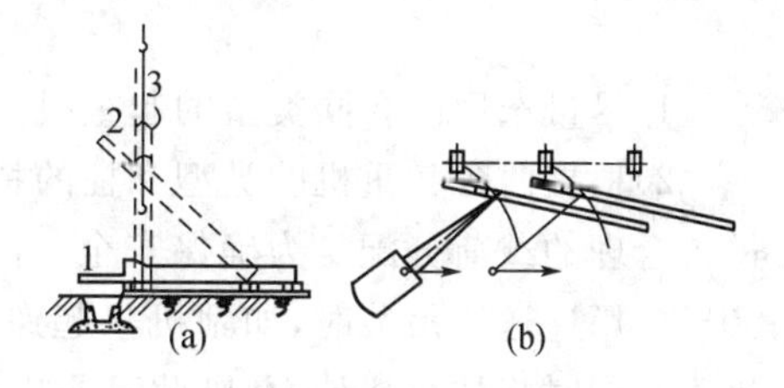

图 5-7　用滑行法吊柱

(a)滑行过程;(b)平面布置

1—柱平放时,2—起吊中途;3—直立

2. 双机抬吊

双机抬吊有滑行法和递送法两种。

(1)滑行法。柱子应斜向布置,并使起吊绑扎点尽量靠近基础杯口(图 5-8)。

其吊装步骤如下。

1)柱翻身就位;

2)在柱脚下设置托板、滚筒,并铺好滑行道;

3)两机相对而立,同时起钩,直至柱被垂直吊离地面时为止;

4)两机同时落钩,使柱插入基础杯口。

(2)递送法。柱子应斜向布置,主机起吊绑扎点尽量靠近基础杯口(图 5-9)。

主机起吊柱,副机起吊柱脚配合主机起钩,随着主机起吊,副机进行跑车和回转,将柱脚递送到基础杯口上面。一般情况下,副机递送柱脚到杯口后,即卸去吊钩,让主机单独将柱子就位。此时,主机承担了柱子的全部重量。如主机不能承担柱子全部重量,则需用主、副机同时将柱子落到设计位置后副机才能卸钩。此时,为防止吊在柱子下端的起重机减载,在抬吊过程中,应始终使柱子保持倾斜状态,直至将柱子落到设计位置后,再由吊于柱子上端的起重机徐徐旋转吊杆将柱子转直。

(3)双机抬吊柱子作业应注意的问题。

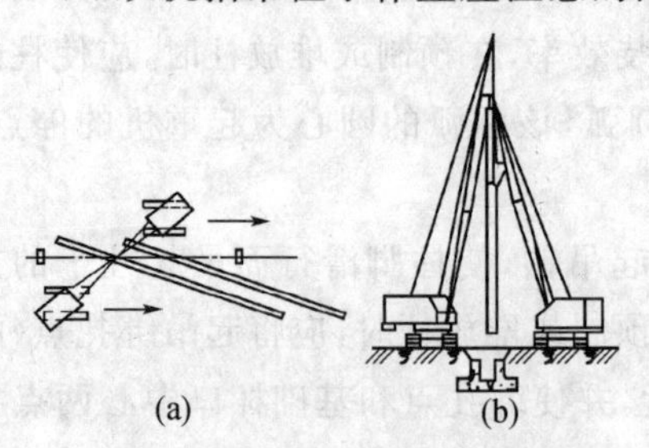

图 5-8　双机抬吊滑行法

(a)平面布置；(b)将柱吊离地面

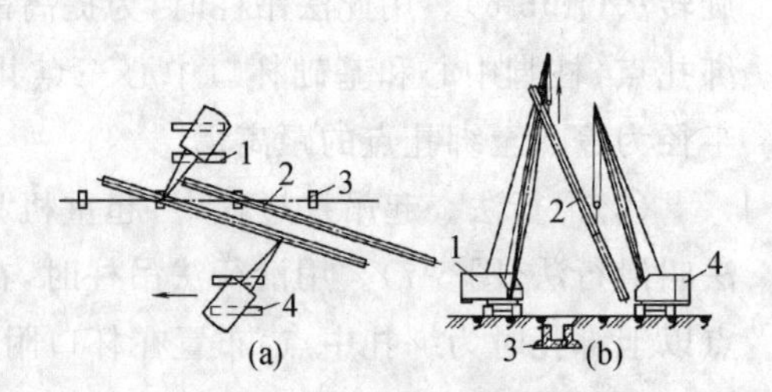

图 5-9　双机抬吊递送法

(a)平面布置；(b)递送过程

1—主机；2—柱；3—基础；4—副机

1)尽量选用两台同类型的起重机。

2)根据两台起重机的类型和柱的特点，选择绑扎位置与方法，对两台起重机进行合理的载荷分配。为确保安全，各起重机的载荷不宜超过其额定起重量的80％。用递送法吊装时，如副机只起递送作用，应考虑主机满载。起吊时，如两机不是同时将柱吊离地面，则此时两机的实际载荷与理想载荷分配不同，这在进行载荷分配时必须考虑到。

3)在操作中，两台起重机的动作必须互相配合，两机的吊钩滑车组不可有较大倾斜，以防一台起重机失重而使另一台超载。

四、就位和临时固定

柱子就位和临时固定要点如下。

(1)起重机落钩将柱子放到杯底后应进行对线工作；采用无缆风绳校正时，应使柱身中线对准杯底中线，并在对准线后用坚硬石块将柱脚卡死。

(2)一般柱子就位后，在基础杯口用8个硬木楔或钢楔(每面两个)做临时固定，楔子应逐步打紧，防止使对好线的柱脚走动；细长柱子的临时固定应增设缆风绳。

(3)起吊重柱时，当起重机吊杆仰角＞75°，在卸钩时应先落吊杆，防止吊钩拉斜柱子和吊杆后仰。

五、校正

1. 平面位置校正

平面位置校正有以下两种方法。

(1)反推法。假定柱偏左，需向右移，先在左边杯口与柱间空隙中部放一大锤，如柱脚卡了石子，应将右边的石子拨走或打碎，然后在右边杯口上放丝杠千斤顶推动柱，使之绕大锤旋转以移动柱脚(图5-10)。

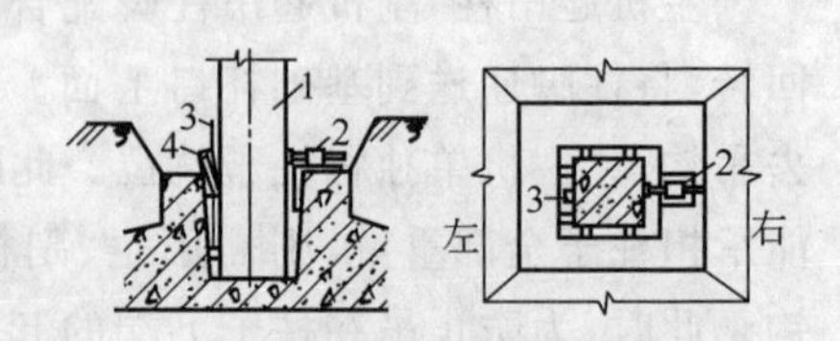

图 5-10　用反推法校正柱平面位置

1—柱；2—丝杠千斤顶；3—大锤；4—木楔

(2)钢钎校正法。将钢杆插入基础杯口下部，两边垫以旗形钢板，然后敲打钢钎移动柱脚(图 5-11)。

2. 垂直度校正

柱子垂直度校正一般均采用无缆风校正法。重量在 20t 以内的柱子采用敲打杯口楔子或敲打钢钎等专用工具校正(图 5-11)；重量在 20t 以上的柱子则需采用丝扛千斤顶平顶或油压千斤顶立顶法校正，如图 5-12～图6-14所示。

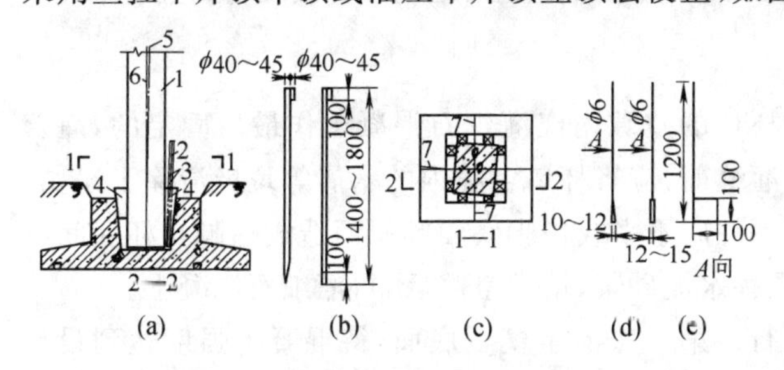

图 5-11　敲打钢钎法校正柱垂直度

(a)2—2 剖视；(b)1—1 剖视；(c)钢钎详图；

(d)甲型旗形钢板；(e)乙型旗形钢板

1—柱；2—钢纤；3—旗形钢板；4—钢楔；

5—柱中线；6—垂直线；7—直尺

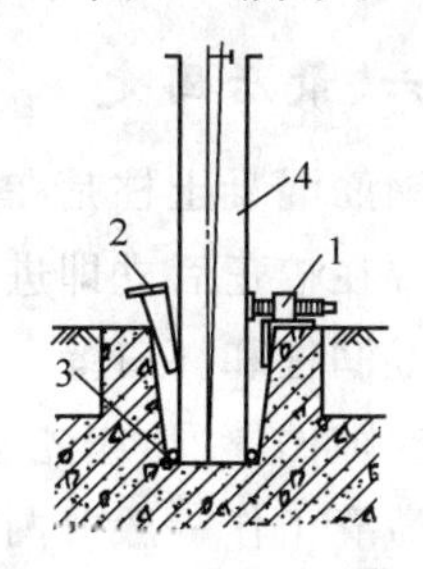

图 5-12　丝杠千斤顶平顶法

校正柱子垂直度

1—丝杠千斤顶；2—楔子；

3—石子；4—柱

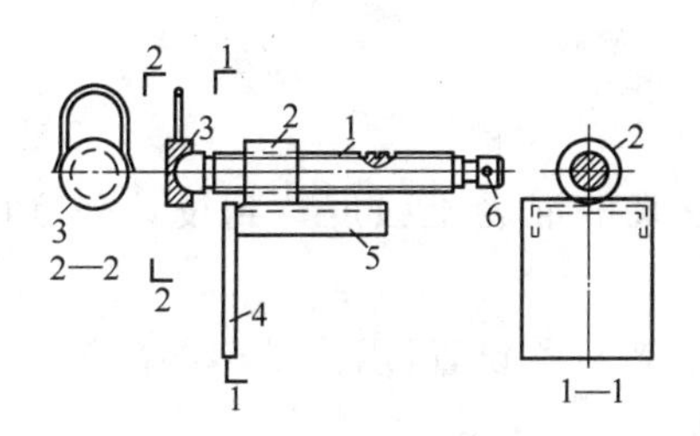

图 5-13　丝杠千斤顶构造

1—丝杆；2—螺母；

3—垫板；4—钢板；

5—槽钢；6—插撬杠(手柄)孔

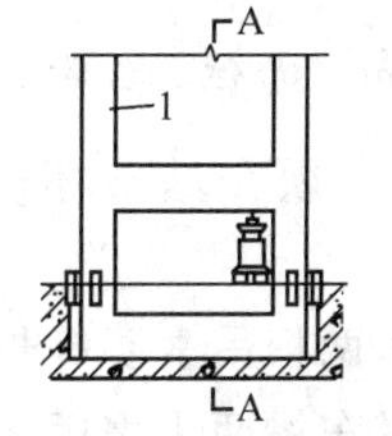

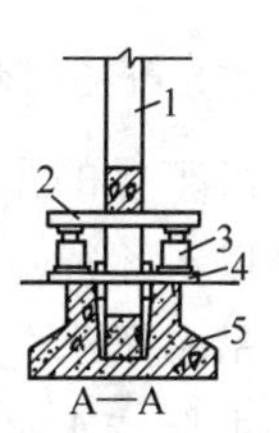

图 5-14　千斤顶立顶法

校正双肢柱垂直度

1—双肢柱；2—钢梁；

3—千斤顶；4—垫木；5—基础

3. 柱子校正注意事项

(1)垂直度校正后应复查平面位置，如其偏差超过 5 mm，应予复校；

(2)校正柱垂直度需用两台经纬仪观测，上测点应设在柱顶。经纬仪的架设位置，应使其望远镜视线面与观测面尽量垂直(夹角应大于 75°)。观测变截面柱时，经纬仪必须架设在轴线上，使经纬仪视线面与观测面相垂直，以防止因上、下测点不在一个垂直面而产生测量差错；

(3)采用无缆风校正法校正柱子,当在柱倾斜一面敲打楔子或顶动柱时,可同时配合松动对面楔子,但绝不可将楔子拔出,以防柱倾倒;

(4)在阳光照射下校正柱的垂直度,要考虑温差影响。由于温差影响,柱向阴面弯曲,使柱顶有一个水平位移,其数值与温差、柱长度及厚度等有关,长度小于10 m的柱可不考虑温差影响。细长柱可利用早晨、阴天校正,或当日初校,次日晨复校;也可采取预留偏差的办法解决(预留偏差值可通过计算或现场试验确定)。

六、最后固定

钢筋混凝土柱是在柱与杯口的空隙内浇灌细石混凝土作最后固定的,灌缝工作应在校正后立即进行。灌缝前,应将杯口空隙内的木屑等垃圾清除干净,并用水湿润柱和杯口壁。对于因柱底不平或柱脚底面倾斜而造成柱脚与杯底间有较大空隙的情况,应先灌一层稀水泥砂浆,填满空隙后,再灌细石混凝土。

灌缝工作一般分两次进行。第一次灌至楔子底面,待混凝土强度达到设计强度的25%后,拔出楔子,全部灌满。捣混凝土时,不要碰动楔子。

若灌捣细石混凝土时发现碰动了楔子,可能影响柱子的垂直,必须及时对柱的垂直度进行复查。

第二节 吊车梁吊装

一、绑扎、起吊、就位、临时固定

吊车梁的吊装必须在基础杯口二次灌浆的混凝土强度达到设计强度的70%以上才能进行。

吊车梁绑扎时,两根吊索要等长,绑扎点要对称设置,以使吊车梁在起吊后能基本保持水平,吊车梁两头需用溜绳控制。

就位时应缓慢落钩,争取一次对好纵轴线,避免在纵轴线方向撬动吊车梁而导致柱偏斜。

一般吊车梁在就位时用垫铁垫平即可,不需采取临时固定措施,但当梁的高度与底宽之比大于4时,可用连接钢板与柱子点焊做临时固定。

二、校正

中小型吊车梁的校正工作宜在屋盖吊装后进行;重型吊车梁如在屋盖吊装后校正难度较大,常采取边吊边校法施工,即在吊装就位的同时进行校正。

混凝土吊车梁校正的主要内容包括垂直度和平面位置校正,两者应同时进行。混凝土吊车梁的标高,由于柱子吊装时已通过对基础底面标高进行控制,且吊车梁与吊车轨道之间尚需做较厚的垫层,故一般不需校正。

1. 垂直度校正

吊车梁垂直度用靠尺、线锤检查，T 形吊车梁测其两端垂直度，鱼腹式吊车梁测其跨中两侧垂直度(图 5-15)。

吊车梁垂直度允许偏差为 5 mm，T 形吊车梁如本身扭曲偏差较大，通过校正使其两端的偏斜相反，而偏斜值应在 5 mm 以内；鱼腹式吊车梁如本身有扭曲，可通过校正使其两侧相反方向偏斜值差在 5 mm 以内。

校正吊车梁的垂直度时，需在吊车梁底端与柱牛腿面之间垫入斜垫块，为此要将吊车梁抬起，可根据吊车梁的轻重使用千斤顶等进行，也可在柱上或屋架上悬挂捯链，将吊车梁需垫铁的一端吊起。

2. 平面位置校正

吊车梁平面位置校正，包括直线度(使同一纵轴线上各梁的中线在一条直线上)和跨距两项。一般 6 m 长、5t 以内吊车梁可用拉钢丝法和仪器放线法校正。12 m 长及 5t 以上的吊车梁常采取边吊边校法校正。

(1)拉钢丝法。根据柱轴线用经纬仪将吊车梁的中线放到一跨四角的吊车梁上，并用钢尺校核跨距，然后分别在两条中线上拉一根 16～18 号钢丝。钢丝中部用圆钢支垫，两端垫高 20 cm 左右，并悬挂重物拉紧，钢丝拉好后，凡是中线与钢丝不重合的吊车梁均应用撬杠予以拨正(图 5-16)。

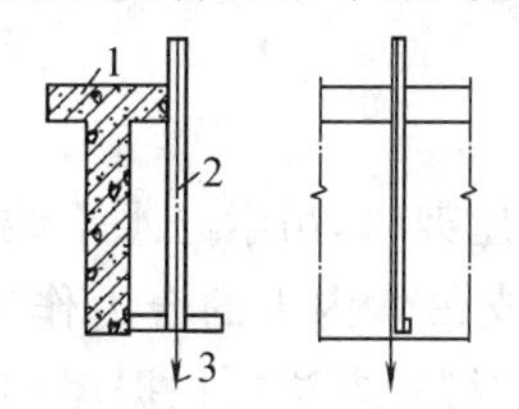

图 5-15 鱼腹式吊车梁垂直度校正

1—吊车梁；2—靠尺；3—线锤

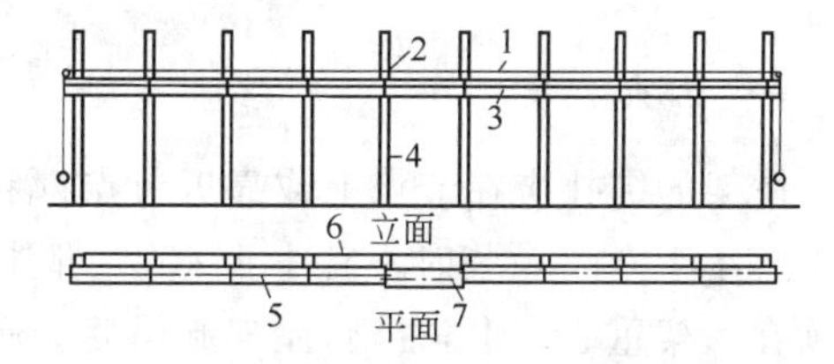

图 5-16 拉钢丝法校正吊车梁的平面位置

1—钢丝；2—圆钢；3—吊车梁；4—柱；5—吊车梁设计中线；6—柱设计轴线；7—偏离中心线的吊车梁

(2)仪器放线法。用经纬仪在各个柱侧面放一条与吊车梁中线距离相等的校正基准线。校正基准线至吊车梁中线距离 a 值，由放线者自行决定。校正时，凡是吊车梁中线至其柱侧基准线的距离不等于 a 值者，用撬杠拨正(图 5-17)。

(3)边吊边校法。在吊车梁吊装前，先在厂房跨度一端距吊车梁中线约 40～60 cm的地面上架设经纬仪，使经纬仪的视线与吊车梁的中线平行，然后在一木尺上画两条短线，记号为 A 和 B，此两条短线的距离，必须与经纬仪视线至吊车梁中线的距离相等。吊装时，将木尺的一条线 A 与吊车梁中线重合，用经纬仪看木尺另一条线 B，并用撬杠拨动吊车梁，使短线 B 与经纬仪望远镜上的十字竖线重合(图 5-18)。用此法时，须经常目测检查已装好吊车梁的直线度，并用钢尺抽点复查跨距，以防操作时因经纬仪有走动而发生差错。

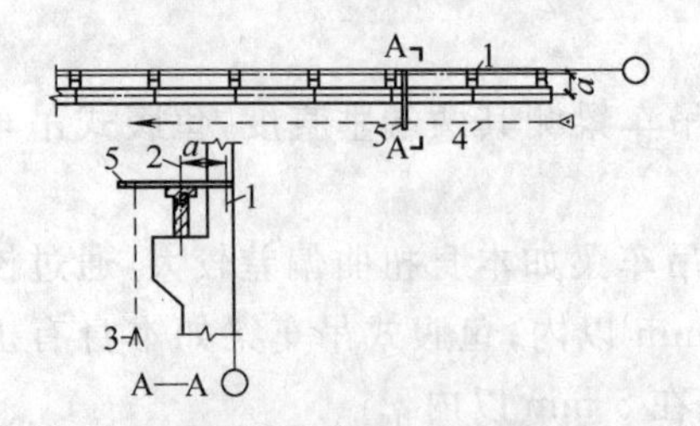

图 5-17 仪器放线法校正吊车梁的平面位置

1—校正基准线；2—吊车梁中线；3—经纬仪；4—经纬仪视线；5—木尺

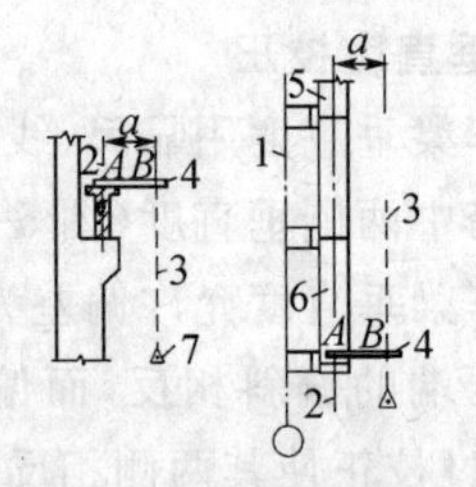

图 5-18 边吊边校法校正吊车梁的平面位置

1—柱轴线；2—吊车梁中线；3—经纬仪视线；4—木尺；5—已吊装、校正的吊车梁；6—正吊装、校正的吊车梁；7—经纬仪

三、最后固定

吊车梁的最后固定，是在吊车梁校正完毕后，用连接钢板与柱侧面、吊车梁顶端的预埋铁件相焊接，并在接头处支模，浇灌细石混凝土。

第三节 屋架吊装

一、绑扎

屋架的绑扎应在节点上或靠近节点；翻身（扶直）屋架时，吊索与水平线的夹角不宜小于 60°，吊装时不宜小于 45°。绑扎中心（各支吊索内力的合力作用点）必须在屋架重心之上，否则，屋架起吊后会倾翻。具体绑扎方法应根据屋架的跨度、安装高度和起重机的吊杆长度确定。图 5-19 所示为屋架翻身和吊装的几种绑扎方法。

图 5-19(a)所示为 18 m 钢筋混凝土屋架吊装的绑扎情况，用两根吊索 A、C、E 三点绑扎。这种屋架翻身时，则应绑于 A、B、D、E 四点。

图 5-19(b)所示为 24 m 钢筋混凝土屋架翻身和吊装的绑扎情况，用两根吊索 A、B、C、D 四点绑扎。

图 5-19(c)所示为 30 m 钢筋混凝土屋架翻身和吊装的绑扎情况。这里使用了 9 m 长的横吊梁，以降低吊装高度和减小吊索对屋架上弦的轴向压力，如起重机吊杆长度可以满足屋架安装高度的需要，则可以不用横吊梁。

图 5-19(d)所示为组合屋架吊装的绑扎情况，四点绑扎，下弦绑木杆加固。当下弦为型钢，其跨度不大于 12 m 时，可采用两点绑扎进行翻身和吊装。

图 5-19(e)所示为双机抬吊 36 m 预应力混凝土屋架的一种绑扎情况，每台起重机吊 A、B、C 三点。

图 5-19(f)所示为半榀钢筋混凝土屋架翻身绑扎的情况，通长吊索 4 穿过双门滑车和三个单门滑车而与屋架 B、C、D 三个节点连接。吊索 3 的作用是使屋架翻身吊起后，下弦能保持水平，以便于就位至拼装架内。

图 5-19(g)所示为吊索绑在钢筋混凝土屋架下弦的情况，对折吊索把屋架夹在中间，以防起吊时屋架倾翻。

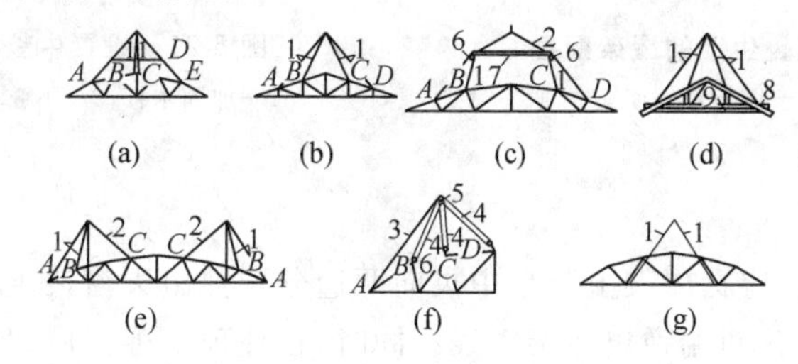

图 5-19　屋架翻身和吊装的绑扎方法

(a)18 m 屋架吊装绑扎；(b)24 m 屋架翻身和吊装绑扎；

(c)30 mm 屋架吊装绑扎；(d)组合屋架吊装绑扎；

(e)36 m 屋架双机抬吊绑扎；(f)半榀屋架翻身绑扎；(g)吊索绑扎在屋架下弦的情况

1—长吊索对折使用；2—单根吊索；3—平衡吊索；4—长吊索穿滑车组；

5—双门滑车；6—单门滑车；7—横吊梁；8—铅丝；9—加固木杆

二、翻身(扶直)

屋架都是平卧生产，运输或吊装时必须先翻身。由于屋架平面刚度差，翻身中易损坏，为此，应注意下列各项。

(1)重叠生产跨度 18 m 以上的屋架，翻身时，应在屋架两端用方木搭设井字架，其高度与下一榀屋架上平面同，以便屋架扶直后搁置其上(图 5-20)。

(2)翻身时，先将起重机吊钩基本上对准屋架平面的中心，然后起吊杆使屋架脱模，并松开转向刹车，让车身自由回转，接着起钩，同时配合起落吊杆，争取一次将屋架扶直。做不到一次扶直时，应将屋架转到与地面成 70°后再刹车。在屋架接近立直时，应调整吊钩，使对准屋架下弦中点，以防屋架吊起后摆动太大。

(3)如遇屋架间有黏结现象，应先用撬杠撬动，必要时用捯链或千斤顶脱模。

(4)对于 24 m 以上的屋架，如经验算混凝土的抗裂度不够时，可在屋架下弦中节点处设置垫点，使屋架在翻身过程中，下弦中部始终着实(图 5-21)。屋架立直后，下弦的两端应着实，而中部则应悬空。为此，中垫点垫木的厚度应适中。

(5)凡屋架高度超过 1.7 m 高的，应在表面加绑木、竹或钢管横杆，用以加强屋架平面刚度，同时也能使操作人员站在屋架上安装屋面板、支撑与拆除吊点绑扎的卡环等。绑扎铅丝前，应用千斤顶先略为顶起叠浇屋架的上弦，使铅丝能穿过构件间与横杆扎牢。

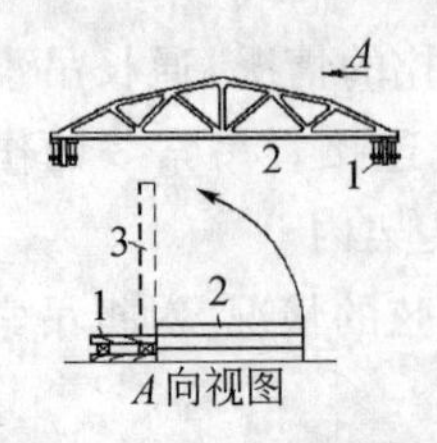

图 5-20　重叠生产的屋架翻身

1—井字架；2—屋架；3—屋架立直

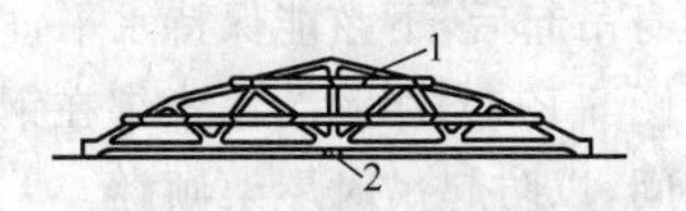

图 5-21　设置中垫点翻屋架

1—加固木杆；2—下弦中节点垫点

三、起吊

屋架起吊前，应在屋架上弦自中央向两边分别弹出天窗架、屋面板的安装位置线和在屋架下弦两端弹出屋架中线。同时，在柱顶上弹出屋架安装中线，屋架安装中线应按厂房的纵横轴线投上去。其具体投法，既可以每个柱都用经纬仪投，也可以用经纬仪只将一跨四角柱的纵横轴线投好，然后拉钢丝弹纵轴线，用钢尺量间距弹横轴线。如横轴线与柱顶截面中线相差过大，则应逐间调整。

屋架起吊有单机吊装和双机抬吊两种方法。

1. 单机吊装

先将屋架吊离地面 50 cm 左右，使屋架中心对准安装位置中心，然后徐徐升钩，将屋架吊至柱顶以上，再用溜绳旋转屋架使其对准柱顶，以便落钩就位（图 5-22）；落钩时，应缓慢进行，并在屋架刚接触柱顶时即刹车进行对线工作，对好线后，即做临时固定，并同时进行垂直度校正和最后固定工作。

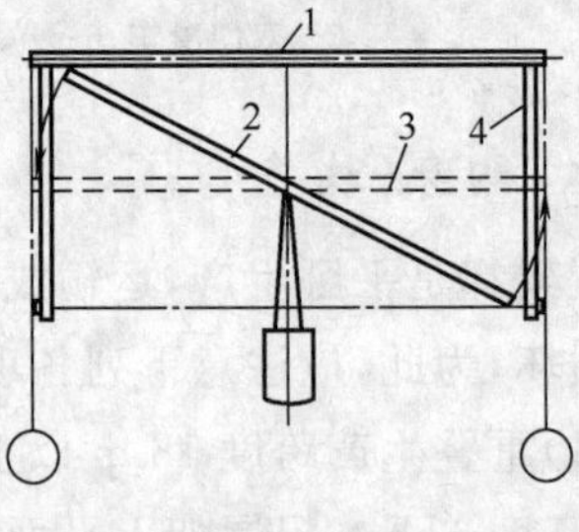

图 5-22　升钩时屋架对准跨度中心

1—已吊好的屋架；2—正吊装的屋架；3—正吊装屋架的安装位置；4—吊车梁

2. 双机抬吊

双机抬吊时，屋架立于跨中，一台起重机停在前面，另一台起重机停在后面，共同起吊屋架。当两机同时起钩将屋架吊离地面约 1.5 m 时，后机将屋架端头从起重臂一侧转向另一侧（调档，前机配合），然后两机同时升钩将屋架吊到高空，最后，前机旋转起重臂，后机则高空吊重行驶，递送屋架于安装位置（图5-23）。

如屋架较重，后机不能调档时，可另用一台起重机辅助调档。

双机抬吊屋架时，应注意下列几点。

（1）可使用不同类型的起重机，但必须对两机进行统一指挥，使两者互相配合，动作协调。在整个吊装过程中，两台起重机的吊钩滑车组，都应基本保持垂直状态。

(2)起吊时，必须指挥两机升钩将各自钩挂的吊索都拉紧后，方可拆除稳定屋架的支撑。

(3)后机行驶道路必须平整坚实，必要时，铺垫道木(横向排列)或垫路基箱，以保安全。

(4)双机抬吊屋架时，如果两机不是同时将屋架吊离地面或落钩向柱顶就位，则两机的实际载荷与计算的载荷分配就有很大的出入。例如图 5-24 所示，两机抬吊 36 m 跨自重 18t 的屋架，若两机同时将屋架吊离地面，则每机载荷 90 kN，若一机先将屋架吊离地面，则该机载荷为 180×18÷30＝108 kN，超过原计算分配载荷的 20%。因此，在实际操作中，为确保安全，应选用起重能力较大的起重机，还必须两机同时将屋架吊离地面或落钩向柱顶就位。

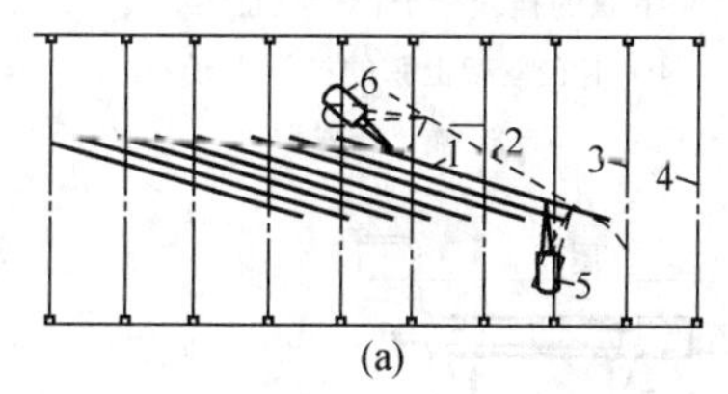

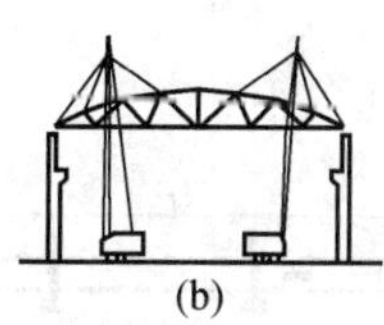

图 5-23　双机抬吊安装屋架

(a)平面；(b)剖面

1—准备起吊的屋架；2—调裆后的屋架；3—准备就位的屋架；4—已安装好的屋架；5—前机；6—后机

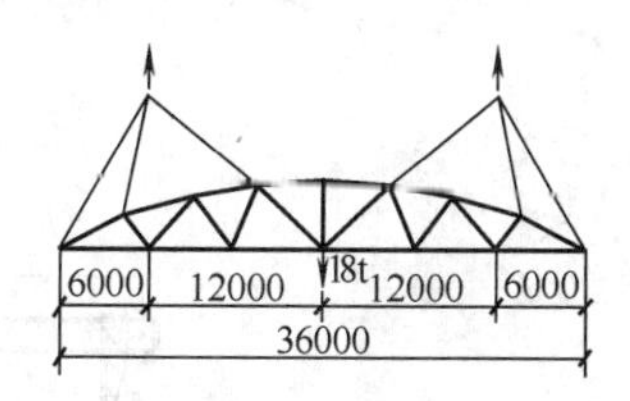

图 5-24　双机抬吊屋架的负荷分配

四、临时固定、校正和最后固定

第一榀屋架就位后，一般在其两侧各设置两道缆风做临时固定，并用缆风来校正垂直度(图 5-25)。当厂房有挡风柱，且挡风柱柱顶需与屋架上弦连接时，可在校正好屋架垂直度后，立即将其连接件安装固定。

以后的各榀屋架，可用屋架校正器做临时固定和校正(图 5-26)。15 m 跨以内的屋架用一根校正器，18 m 跨以上的屋架用两根校正器。为消除屋架旁弯对垂直度的影响，可用挂线卡子在屋架下弦一侧外伸一段距离拉线，并在上弦用同样距离挂线锤检查，跨度在 24 m 以内且无天窗的屋架，检查跨中一点，有天窗架时，检查两点；30 m 以上的屋架，检查两点。当使用两根校正器同时校正时，摇手柄的方向必须相同，快慢也应基本一致。

屋架校正器的构造，如图 5-27 所示。它由三节组成，首节用 ϕ43 钢管制作；尾节包括两部分，一部分用 ϕ43 钢管制作，另一部分包括摇把、螺杆和套管卡子；中节用 ϕ48～ϕ57 钢管制作，屋架跨度 24 m 以内的，用 ϕ48 钢管，屋架跨度在 30 m 以上的，用 ϕ57 钢管；中节长为 3 m 和 1 m 两种。3 m 长中节用于 6 m 柱间距屋架校正，1 m 长中节用于 4 m 柱间距屋架校正。

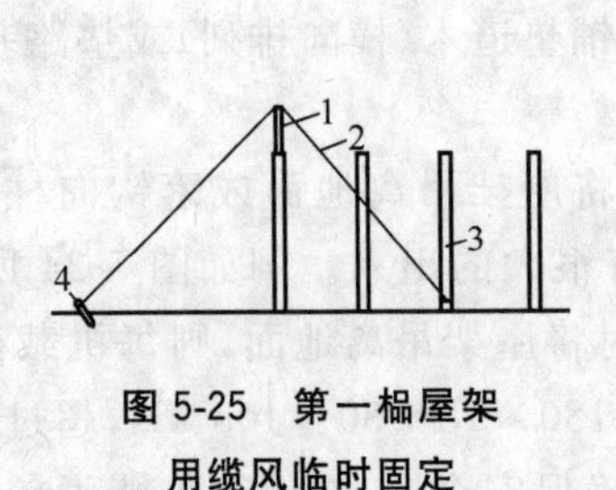

图 5-25　第一榀屋架用缆风临时固定

1—屋架；2—缆风；3—柱；4—木桩

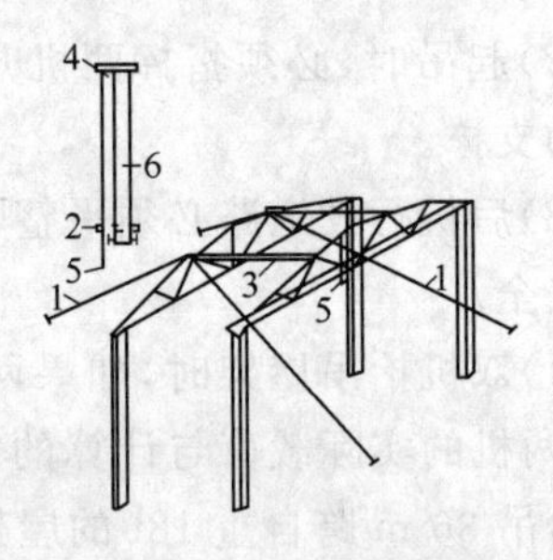

图 5-26　用屋架校正器临时固定和校正屋架

1—第一榀屋架上缆风；2—卡在屋架下弦的挂线卡子；3—校正器；4—卡在屋架上弦的挂线卡子；5—线锤；6—屋架

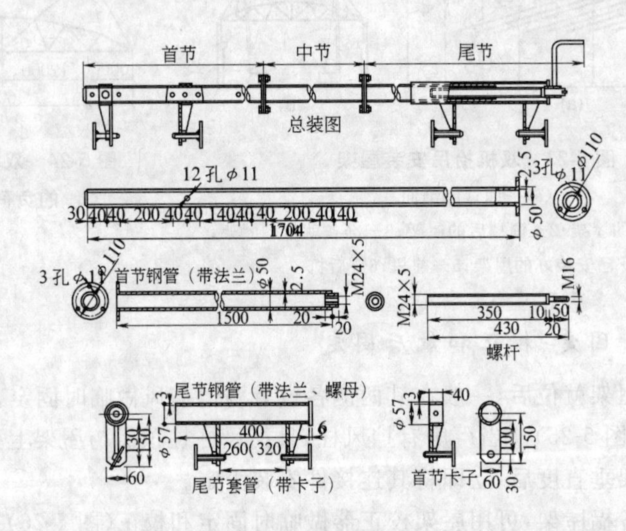

图 5-27　屋架校正器

伸缩缝处的一对屋架，可用小校正器(构造与上述屋架校正器相同)临时固定和校正。

屋架经校正后，就可上紧锚栓或电焊作最后固定。用电焊作最后固定时，应避免同时在屋架两端的同一侧施焊，以免因焊缝收缩使屋架倾斜。施焊后，即可卸钩。

第四节　板类构件吊装

一、双 T 板吊装

双 T 板一般都预埋吊环，每次吊装一块时，钩住吊环即可。每次吊装两块以上的板时，应将每块板吊索都直接挂在起重机吊钩上，各板之间的距离适当加大些，以减小吊索对板翼的压力，防止翼缘损坏（图 5-28）。

二、空心楼板吊装

小型空心楼板（每块板重量在 500 kg 以内，长度在 4 m 以内）可采用平吊或兜吊方法进行钩挂起吊。

图 5-29（a）所示为用横吊梁和兜索一次平吊数块空心板的情况，采用此法将板吊到梁上并卸去兜索后，用撬杠将板撬至设计位置即可。图 5-29（b）所示为用兜索一次叠层兜吊数块空心板的情况，采用此法将板吊至梁上并卸去兜索后，需再次将各板吊至设计位置。

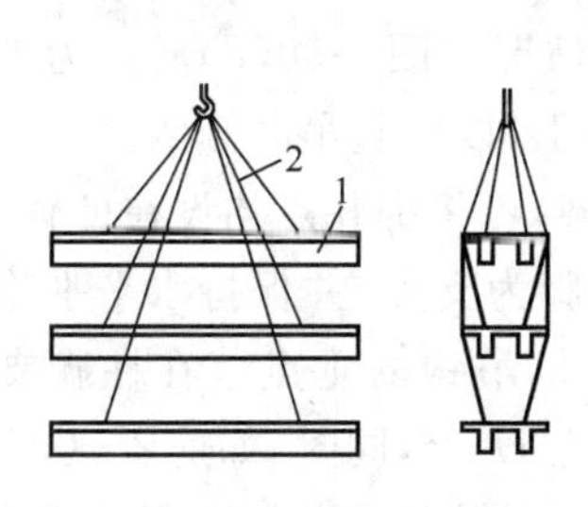

图 5-28　一次多吊双 T 板的钩挂方法

1—双 T 板；2—吊索

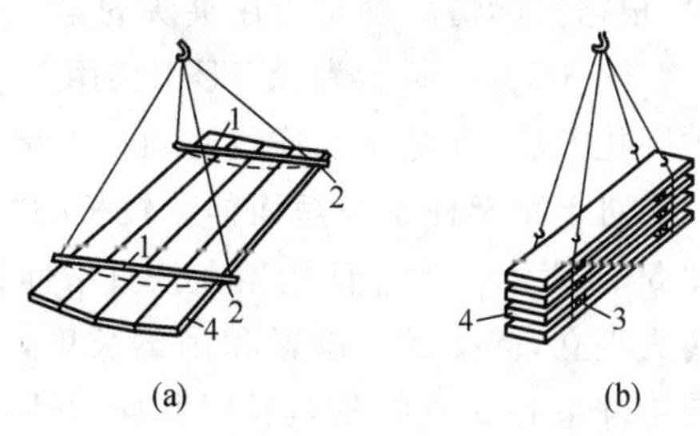

图 5-29　小型空心楼板的钩挂方法

（a）一次平吊数块空心板；

（b）一次叠层兜吊数块空心板

1—横吊梁；2—兜索；3—板间垫木；4—空心板

采用兜索吊装空心板时应注意以下几点。

（1）空心板在起吊前必须堵好孔；

（2）兜索应对称设置，使板起吊时呈水平；

（3）兜索与板的夹角应大于 60°。

在屋架上安装混凝土板时，应自跨边向跨中两边对称进行。

安装天窗架上的屋面板时，在厂房纵轴线方向应一次放好位置，不可用撬杠撬动，以防天窗架发生倾斜。

预应力混凝土自防水屋面板安装时，要使纵横缝宽窄均匀、相邻板面平整，不应有倒高差。

屋面板在屋架或天窗架上的搁置长度要符合规定，四角要坐实，每块屋面板至少有三个角与屋架或天窗架焊牢，必须保证焊缝尺寸和质量。

第五节　门式刚架安装

一、绑扎、起吊

门式刚架截面单薄，外形复杂，绑扎方法要仔细。具体绑扎点数和绑扎位置要满足下列三点要求。

(1)起吊过程中,截面不会断裂;

(2)刚架柱子被吊离地面后与地面基本保持垂直;

(3)刚架在扶直过程中,能够比较平稳地升起而不会发生猛烈地转动。

对于刚架柱子较长而伸臂较短的“┌”形刚架,可采用图5-30(a)所示方法绑扎。两个绑扎点B和C的选择,要使$\triangle ABD$中,$AB=AD$,这样,刚架起吊后,刚架柱子能够与地面保持垂直。如果找重心没有把握,可增加一根平衡吊索来保持刚架柱垂直,图5-30(b)。平衡吊索长度,应经过估算并在起吊第一个刚架时,根据实际情况确定后用夹头固定。也可用捯链进行调整。

图5-30(c)所示为“Y”形刚架用三点绑扎的情况。图5-30(d)所示为人字梁的绑扎方法,绑扎点的连线必须在人字梁重心之上,以防起吊时倾倒。

对于刚架柱子较短而伸臂较长的“┌”形刚架,可将绑扎点均设在伸臂上,如图5-31所示。为了使刚架在扶直中伸臂能以柱脚为支点,并保持水平平稳升起转为直立,绑扎点的位置和吊索长度,要使起重机吊钩的垂点落在柱脚支点A与构件重心G连线的延长线和伸臂外边缘的交点H上,同时,如前所述,为了便于安装,吊钩与重心G的连线应与刚架柱子平行,以使柱子与地面保持垂直。

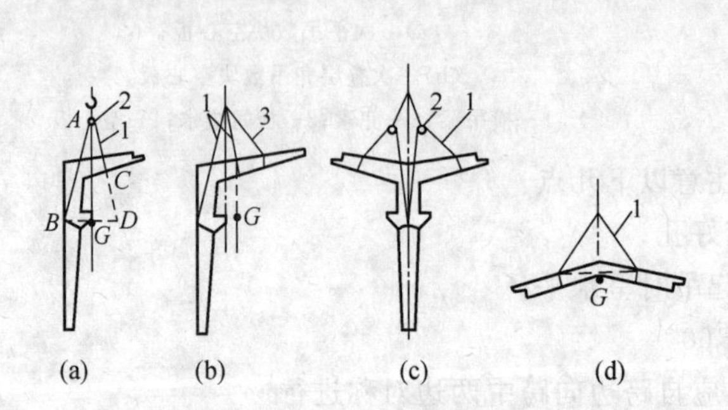

图5-30 刚架的绑扎方法

(a)两点绑扎;(b)、(c)三点绑扎;(d)人字梁的绑扎

1—吊索;2—滑轮;3—平衡绳;G—刚架重心

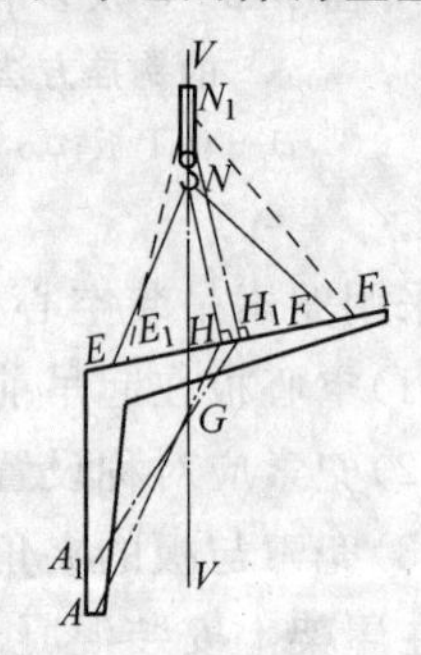

图5-31 用作图法确定“┌”形刚架的绑扎位置和吊索长度

为了使构件绑扎既能满足平稳扶直要求,又能满足安装方便要求,可采用下列所述作图法来确定绑扎点和吊索长度(图5-31)。

(1)按比例画出刚架图,定出重心位置G(作图前通过计算求出)。

(2)过G点做出当刚架吊直时与地面的垂线$V-V$。

(3)连柱脚支点A与刚架重心G,并延长之与伸臂外边缘相交于H。

(4)过H点作伸臂外边线的垂线与$V-V$线相交于N,N点即起重机吊钩的位置。

一个“┌”形刚架，当柱脚支点 A 确定后，起重机吊钩的合理位置 N 只有一个。若经核算，刚架以 A 为支点扶直时，柱腿的强度和抗裂度不足，在预制时可附加吊装用钢筋(或将柱腿支点上移至 A_1，相应可得 H_1 及 N_1)。

(5)在伸臂上选择绑扎点的位置，条件是绑扎点必须对称于 H 点。取 $EH=HF$，得绑扎点 E 及 F，连 NE 及 NF 即得吊索长度(以 N_1 为吊钩位置时，绑扎点相应移至 E_1、F_1 点)。

若伸臂过长，经核算用两点绑扎刚架抗裂度不足，则可用四个绑扎点，但仍须对称于 H 点。另须注意，吊索与伸臂上边缘的夹角不得小于 30°。

二、临时固定与校正

刚架的临时固定，除在基础杯口打入 8 个楔子外，必须在悬臂端用井字架支承(图 5-32)。井字架的顶面距刚架悬臂底面约 30 cm 左右，以便放置千斤顶和垫木。在纵向，第一个刚架必须用缆风或支撑做临时固定，以后各个刚架的临时固定，可用缆风或支撑，亦可用屋架校正器固定。

刚架在横轴线方向的倾斜，用井字架上的千斤顶校正。因为刚架重心在跨内，由于杯口楔子松动、井字架变形等原因，刚架往往要向里倾斜，因此，校正时，需使刚架向跨外倾斜 5～10 mm，以抵消一部分偏差。

刚架在纵轴线方向的倾斜，用缆风、支撑或屋架校正器校正。校正时，应同时观测 A、B、C 三点，使该三点都同在一个垂直面上。可先校刚架柱的倾斜，使 A、B 两点同在一条垂直线上，然后检查 C 点，如有偏差，可用撬杠撬动悬臂端来调整。

观测 A、B、C 三点时，经纬仪应架设在刚架的横轴线上(图 5-33 中的 D 点)。如有困难，可用平移法，将仪器架设在 E 点，用卡尺将 A、B、C 三点平行移至 A_1、B_1、C_1 处，用经纬仪观测 A_1、B_1、C_1 三点，并通过校正使之同在一个垂直面上。

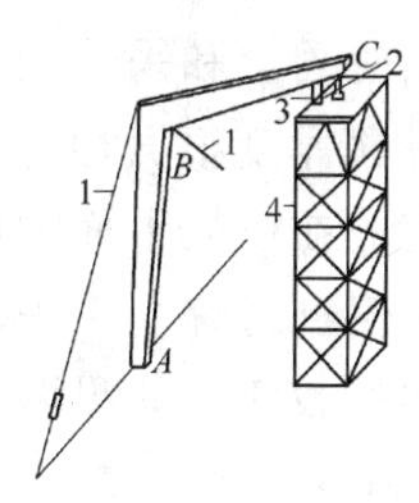

图 5-32 门式刚架的临时固定和校正

1—缆风；2—千斤顶；3—垫木；4—井字架；A、B、C—校正刚架垂直度的观测点

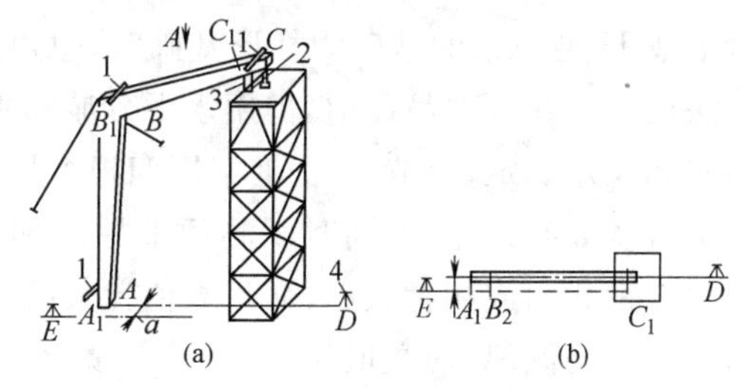

图 5-33 观测刚架垂直度时经纬仪的架设位置

(a)透视图；(b)A 向视图

D—经纬仪在刚架横轴线上的架设位置；

E—用平移法经纬仪的架设位置；a—平移距离；

1—卡尺；2—千斤顶；3—垫木；4—经纬仪

第六节 H型框架吊装

一、绑扎、起吊

H型框架常用“活兜肚”的办法绑扎(图5-34),即用两根短吊索兜住框架横梁的下面,上面各用通过单门滑车的长吊索相连接。起吊中,由于长吊索能在滑车上串动,故可保证框架竖直后与地面垂直。

H型框架也可采用横吊梁和钢销进行绑扎起吊(图5-35)。

多机抬吊多层框架时,递送起重机应使用横吊梁起吊,使捆绑吊索不产生水平分力(图5-36),也可在两绑扎点间用方木或其他专用工具支撑,以防止吊索的水平分力使框架柱产生裂缝。

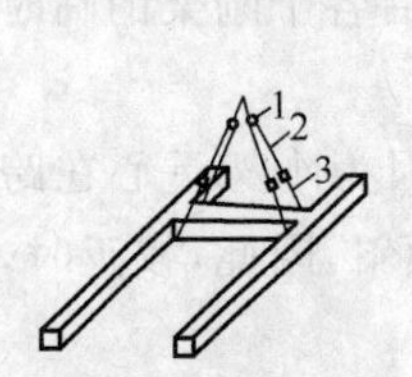

图5-34 H型框架的绑扎方法

1—滑车;2—长吊索;3—短吊索

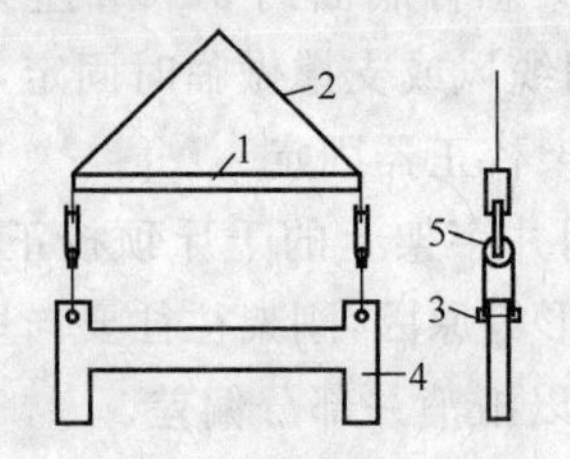

图5-35 用横吊梁及钢销绑扎和起吊H型框架

1—横吊梁;2—吊索;3—钢销;4—H型框架;5—滑车

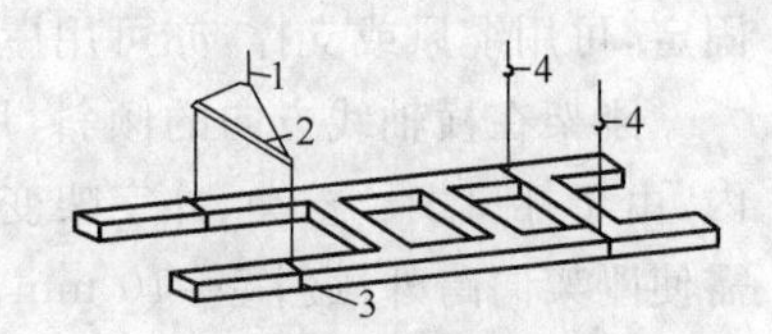

图5-36 多机抬吊多层框架绑扎情况

1—副机吊钩;2—横吊梁;3—捆绑吊索;4—两台主机吊钩

二、临时固定和校正

下节H型框架的基础为杯形基础时,也可用楔子做临时固定和采用无缆风校正法校正。在框架吊装前,需用水泥砂浆将杯底抹平,抹浆厚度根据相应框架柱的实际长短确定,上节H型框架用四根缆风做临时固定。在框架平面内两根柱的垂直度如有误差,要同时观测两根柱的偏差方向和数值进行综合考虑。如果两根柱都相向或相背倾斜,而且数值比较接近,则不必再行校正。如果两根柱都向一个方向倾斜,而数值相近,则只需顶起一根柱,即可调整。

H型框架经校正后需焊好四角钢筋(每个框架柱焊两根)才能松钩。

第七节 异型构件吊装

一、无横向对称面构件

对于无横向对称面的构件,如柱截面不等的H型框架、锯齿形天窗架等,应采用两根或四根不等长的吊索来绑扎起吊，每根吊索长度可根据构件重心及绑扎点位置计算确定，必须使绑扎中心（吊索交点）位于通过构件重心的垂直线上（图 5-37）。

二、无纵向对称面构件

对于此类构件，如一面带挑檐的梁等，绑扎时应使两吊索和构件重心同在垂直于构件底面的平面内。横向有长挑檐的梁，用吊索直接捆绑会使挑檐损坏，应在梁内预埋吊环于距梁的两端约 1/5 处，用卡环连接吊索与吊环起吊（图5-38）。短挑檐的梁也应按此要求埋设吊环。

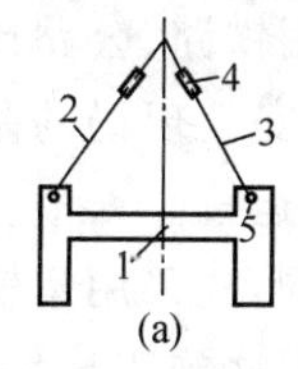

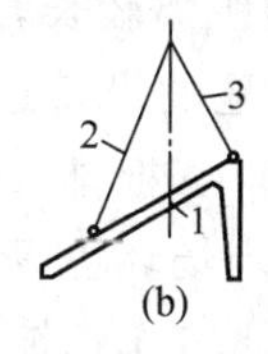

图 5-37　无横向对称面构件绑扎方法

（a）柱截面不等的 H 型框架绑扎方法；

（b）锯齿形天窗架绑扎方法

1—构件重心；2—长吊索；3—短吊索；

4—滑轮；5—钢销

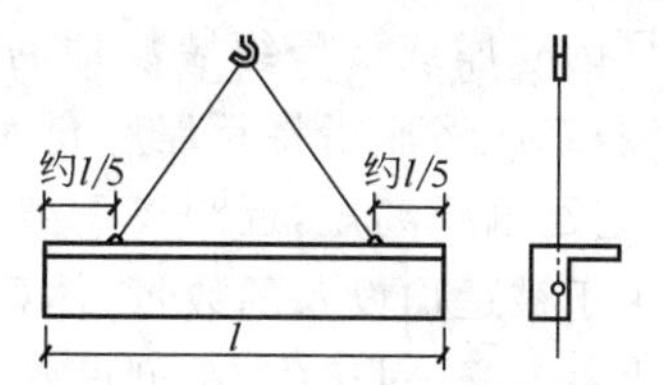

图 5-38　无纵向对称面构件绑扎方法

三、体形复杂构件

对于体形复杂的构件，其重心不易算准而且计算繁琐，即使重心算出来了，所用吊索规格太多。在这种情况下，可采用捯链调平的办法进行绑扎，如图 5-39 所示。

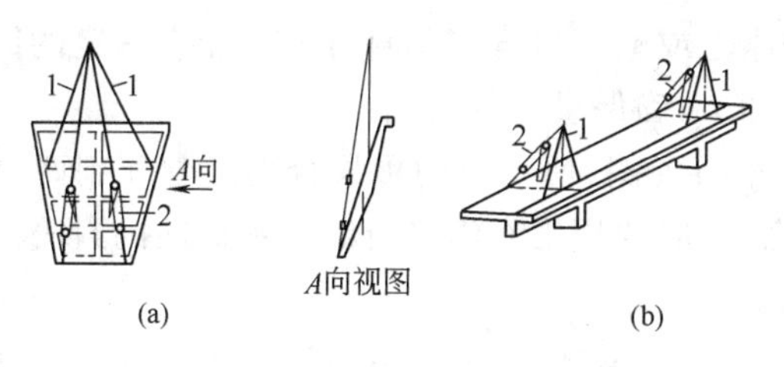

图 5-39　用捯链调平的办法绑扎体型复杂的构件

（a）绑扎煤斗板；（b）绑扎防风梁

1—吊索；2—捯链

第六章　设备运输与吊装

第一节　设备运输

设备运输可分为一次运输和二次运输。一次运输指将设备从制造厂运输到新建厂的仓库或设备组装场地的附近，它运输距离较长，通常用铁路、公路或水路运输；二次运输指将新建厂仓库内或组装场地的设备运输到安装现场的基础附近，它运输距离短，近距离重型设备常采用排子(拖排)做二次运输。

由于被运输设备的数量、体积、重量、安装现场环境等的不同，故采用运输的方法也不一样，对于中、小型设备常用叉车、载重汽车运输。但有些施工现场，由于道路狭窄、障碍物较多，不便于采用机械化运输方法或没有适当的运输机械，此时一般采用半机械化运输方法，即滑行运输和滚杠运输。

一、汽车平板拖车搬运

汽车平板拖车搬运设备前，应对路面的宽度、承载能力、弯道及沿途障碍物、桥涵、沟洞等进行调查和核算，土壤的实际承压力与搬运设备的重量成正比，与路面总接触面积成反比，路面受压部分距路边边缘不得小于 1.5 m。当超长设备采用两台平板车组合拖运时应注意下面三个方面。

(1)平板车上应设置转盘(或转排)，以便在弯道行走时，通过转盘的自由回转，使设备鞍座始终平稳地简支于平板车上。

(2)设备在鞍座上或鞍座自身在垂直方向应能有一定的回转量，以便在坡道上行走时，能自行调节，确保设备的安全。

(3)要绘制装车布置图，使设备的重量合理地分配到两台平板车上，并使平板车载荷分布均衡，同时要用滑车组进行纵向和横向的封固。

二、滑行运输

滑行运输是将设备搁置在排子上，使用卷扬机或其他牵引设备配以滑车进行牵引。运输中使用的排子有木排、钢排，一般 50 t 以下的设备用木排，50 t 以上用钢排。木排用枕木制作，由排脚和托木构成，在排脚上面搁置托木，并用扒钉钉牢，在排脚的两头做成 30°的斜角，便于拖运，如图 6-1 所示。

钢排有两种形式：一种是用钢板制成船形拖板，俗称旱船，旱船的一端做成 30°的斜面，如图 6-2(a)所示，另一种是以槽钢作为排脚制成的滑台，排脚用几根钢轨连接起来，如图 6-2(b)所示。

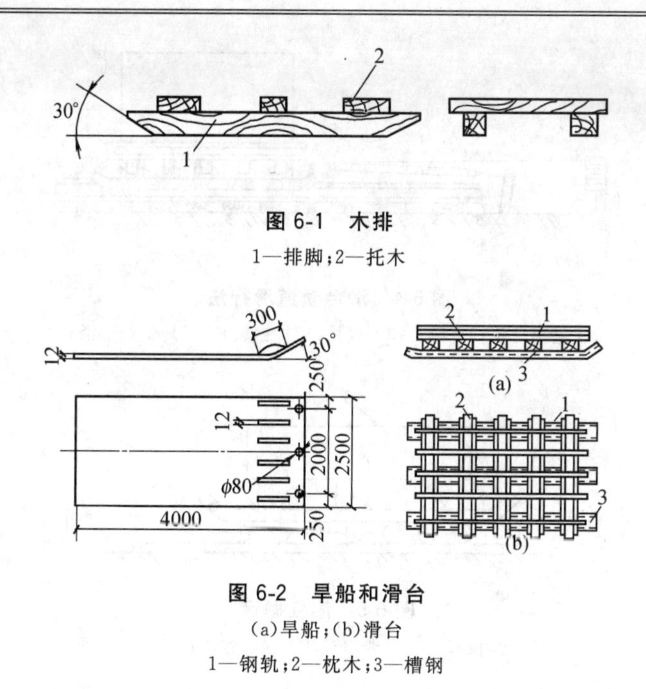

图 6-1　木排

1—排脚；2—托木

图 6-2　旱船和滑台

(a)旱船；(b)滑台

1—钢轨；2—枕木；3—槽钢

图 6-3 所示为旱船滑移运输，它适合于路面不平的情况，其最大拖运设备重量不超过 120 kN，图 6-4 为滑台轨道运输法，它运输速度较快，运输吨位大，运输安全。

在有高低差的短距离场所搬运设备，不宜选用滑移法。

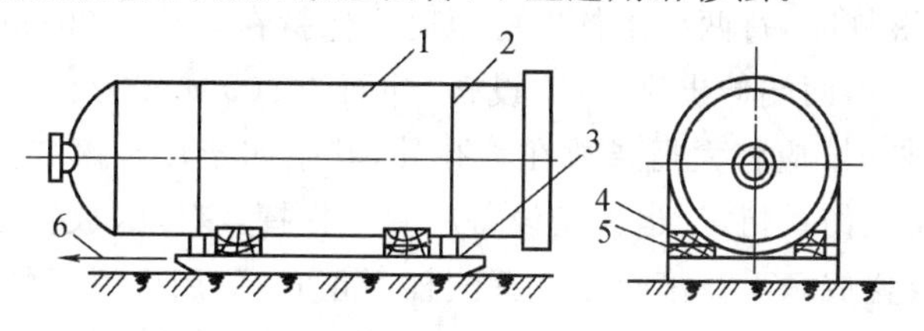

图 6-3　旱船滑移法

1—设备；2—绑扎固定千斤绳；3—旱船；4—斜楔木；5—枕木；6—拖拉绳

三、滚杠运输

滚杠运输是搬运中小型设备最常使用的一种方法，一般中型设备用卷扬机，小型设备也可用人力撬运。这种搬运方法适用于在短距离和设备数量不多的情况下，水平搬运设备，通过搭设斜坡走道也可以将设备从低处运到高处，或从高处运到低处。一般斜坡走道在 15°以下，搬运的方法如图 6-5 所示。

利用滚杠搬运设备主要使用的工具有滚杠、拖排、滑车和牵引设备等。滚杠的规格可按搬运设备的重量选择，一般运输 30 kN 以下的设备可采用 $\phi76\times10$ 的无缝钢

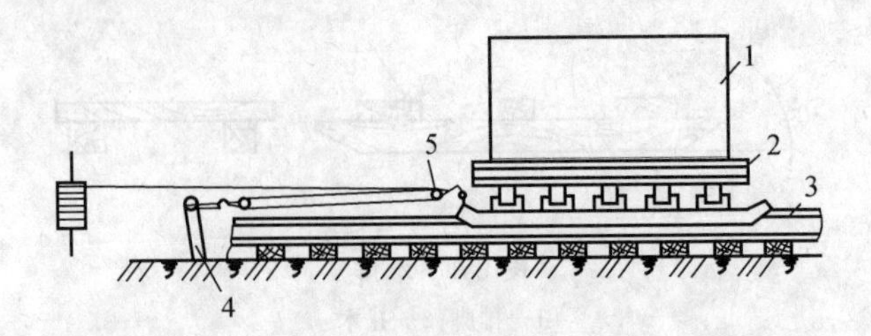

图 6-4　滑台轨道滑行法

1—重型设备；2—滑台；3—栈桥(三根钢轨)；4—地锚；5—滑轮

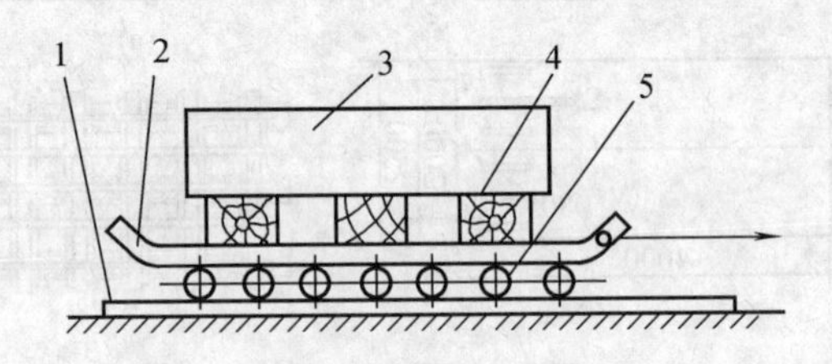

图 6-5　滚杠搬运

1—垫板；2—钢拖排；3—设备；4—枕木；5—滚杠

管；设备在40～500 kN重时可采用$\phi108\times12$的无缝钢管；如设备重量在500 kN以上时，可在$\phi108\times12$的无缝钢管中装满沙子捣实后并在钢管两端加封。

滚杠运输使用滚杠的数量和间距应根据设备的重量确定，选用的滚杠粗细、长短应一致。运输道路要平整畅通、坑沟要填平，高垛要铲平，路上障碍物要预先清理。放置滚杠时，每两根滚杠中心距离应保持在300～500 mm，将端头放整齐，避免长短不一，两端伸出排子(或设备)外面约300 mm为宜，以免压伤手脚。放置或调整滚杠时，应将大拇指放在管孔外，其余四指放在滚杠内，操作人员不准戴手套，以免压伤手指，滚运大型设备应专人指挥，有专人放置滚杠，需要转弯时，应将滚杠放置成扇形。滚运中发现滚杠不正时，应用大锤调整。为利于滚杠进入拖排底，设备的重心应置于拖排中心稍后一点。牵引设备的绳索位置不宜太高，为避免拖运高大设备时摇晃或倾倒，可适当增加几根侧向稳定绳来增加设备的稳定性。对于薄壁和易变形设备的拖运，应做好加固措施。拖运设备遇有下坡时，要用拖拉绳控制溜放速度，确保安全。滚运设备用的导向轮的锚桩或卷扬机的锚坑，以及滚运的其他机、索具均应符合技术要求。

第二节　设备挂绳、捆绑及主体保护

一、设备挂绳的要求

(1)一般机械设备用单钩起吊时，吊钩须通过设备重心，若用双钩起吊，则两钩至重心的距离应与其承受的重量成比例；

(2)设备在吊运过程中应始终保持平稳，不得产生倾斜，绳索不允许在吊钩上滑动；

(3)起吊钢丝绳应选取适当的长度，吊索之间夹角不宜太大，一般不应超过60°，对薄壁及精密零件夹角应更小，在吊装薄壁重物时，还须对其进行加固处理，以防止物体变形；

(4)对于精加工后的工件或完成油漆后的设备在吊装时，不得擦伤工件表面或造成漆皮脱落。

二、设备主体保护

在起吊绳索与机体接触部位，应用衬袋、橡胶、木块等隔离衬垫物保护或将钢丝绳吊索用橡胶管套好，这样使用方便，可省去加垫操作时间，对于精密设备或设备安装集中的场合，可制作专用工具如平衡梁、专用吊索等起吊，提高工作效率和吊装质量。

三、捆绑、起吊

在对设备进行绑扎时，要合理地选择绑扎点，绑扎点选择的主要依据是设备的重心，即要找到设备或重物的重心位置；同理，设备的吊装、翻身及吊装用钢丝绳的受力分配等都要考虑设备的重心位置。重心是物件重量的中心，物件的全部重量都集中在重心上，当用一根绳索来起吊物体时，绳子的绑扎点应在与重心成一条垂线的上方，以使物体稳定，用两根或两根以上的绳索来起吊时，绳索的会合点(即吊钩)或绳延长线的交点，应与物体重心在一条直线上，且位于重心之上。

吊点的位置按以下原则选择。

(1)有吊耳或吊环的物件，其吊点要用原设计的吊点。

(2)塔类设备吊装，吊耳宜在设备重心上1～2 m处对称两侧设置。

(3)吊运设备或物体时，如果没有规定吊点，要使吊点或吊点连线与重心铅垂线的交点在重心之上，绑扎点要针对构件的形状具体选择。

1)平吊长形物体如圆木、电杆、桩等、两吊点的位置应在重心的两端，吊钩通过重心，如竖吊物体，则吊点应在重心之上，对于匀质细长杆件的吊点位置按以下规定确定。

①一个吊点时，吊点的位置拟在距起吊端的 $0.3l$(l 为杆件长度)处，如图6-6所示；

②两个吊点时，吊点分别距杆件两端的距离为 $0.21l$ 处，如图 6-7 所示；

③三个吊点时，其中两端的两个吊点位置距各端的距离为 $0.13l$，而中间的一个吊点位置则在杆件的中心，如图 6-8 所示；

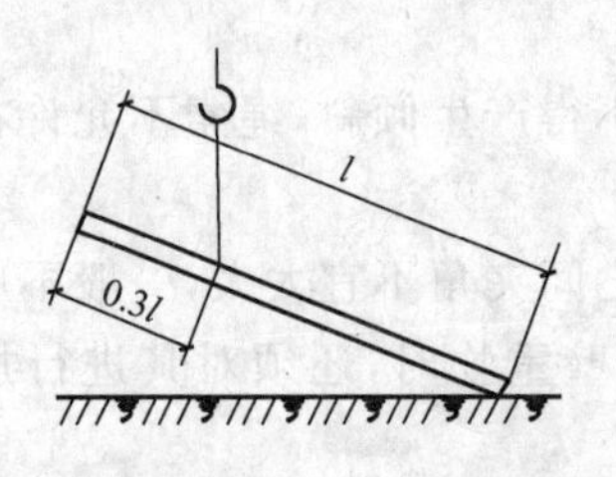

图 6-6　一个吊点起吊位置

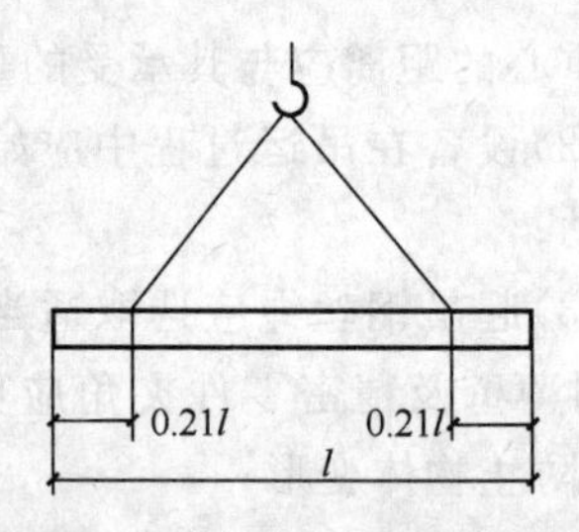

图 6-7　两个吊点起吊位置

④四个吊点时，两端的两个吊点距各端的距离为0.095l，然后将两吊点间的距离三等分，即可得到中间两个吊点位置，中间吊点的间距为0.27l，如图6-9所示。

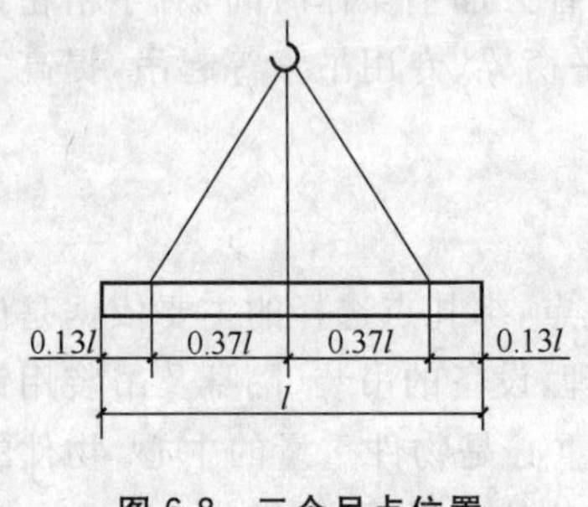

图 6-8　三个吊点位置

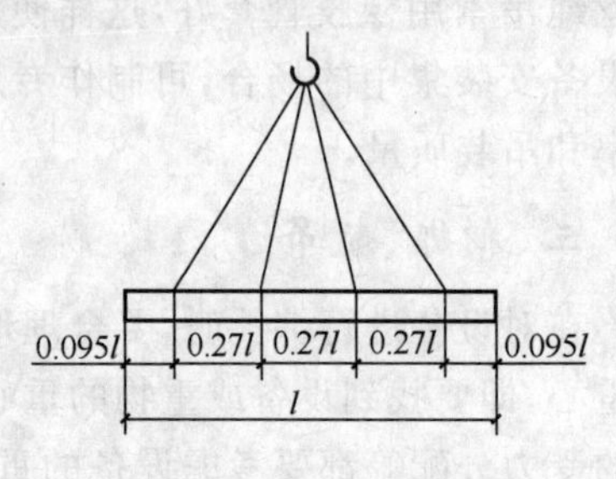

图 6-9　四个吊点位置

2)吊方形物体时，若用四根绳索绑扎，则四根绳索的位置应在重心的四边。

3)拖拉长物体时，应顺长度方向拖拉，绑扎点应在重心的前端，横拉时，两个绑扎点应在距重心等距离的两端。

第三节　设备与构件的翻转

起重作业中经常需要对设备与构件进行翻转操作，对此起重工的任务是：

(1)正确估计被翻转物体的重量及其重心位置；

(2)根据被翻转的物体的形状和结构特点，结合现场起重设备条件确定翻转方案；

(3)根据选择的翻转方案，正确选择索具，确定吊点和捆绑位置；

(4)安排好被翻转物件的保护措施，起重作业中时刻控制住被翻转物体，防止冲击。

一、设备水平转动

对于大型设备或构件需水平转动时，可在安装工地搭设一个临时转台进行操作，图 6-10 为某行车大梁转台布置图，其转动操作步骤如下：

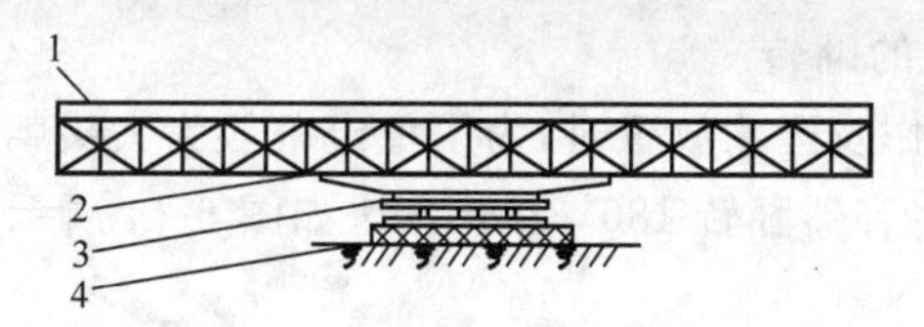

图 6-10　行车大梁转台布置图

1—行车大梁；2—长形支撑座；3—钢转排；4—枕木

(1)用千斤顶把大梁顶高，在大梁的重心位置下面搭设木垛；

(2)在木垛的上面放三层厚度不小于 10 mm 的钢板，钢板要平整，中间一层钢板稍小于上下两块，并在钢板接触面上涂满黄油；

(3)在钢板与大梁之间，再放一层道木，落下千斤顶，使大梁置于道木上；

(4)用人力或卷扬机等在大梁的端头牵拉，人梁即可按要求在水平面内转动。

在有大型起重机具时，设备的水平转动，也可以悬吊进行。

二、设备与构件翻转法

1. 一次翻转法

此法是绑扎后利用起重绳索的上升，将物体翻身后再继续起吊，如图 6-11 所示为柱子的一次翻转法操作。

2. 二次翻转法

此法是把翻转和起吊分成二次进行，如图 6-12 所示，第一次将柱子翻转 90°后，再进行第二次绑扎吊装。

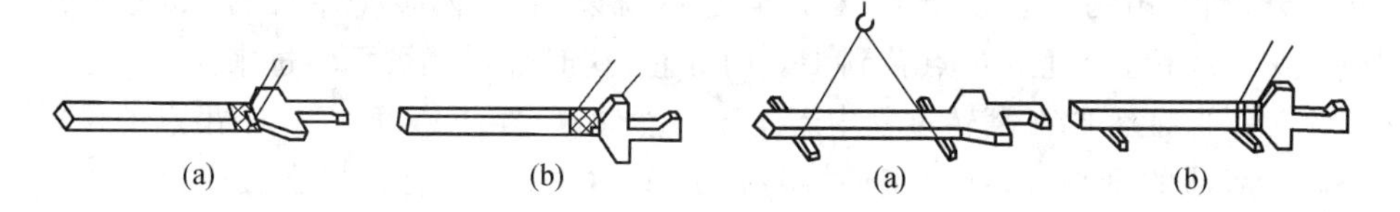

图 6-11　柱子的翻转一次绑扎法

(a)翻转前；(b)翻转后

图 6-12　柱子的二次绑扎法

(a)第一次绑扎；(b)第二次绑扎

3. 大型铸锻件的翻转

大型铸锻件的翻转(一次绑扎翻 90°)一般采用兜翻的方法(图 6-13)。具体操作方法为：将要翻转的设备放在翻转沙坑内，绳扣捆绑在构件的重心之下靠近构件的底部或侧面的下角部位，在构件翻倒处垫好木垫，(在沙坑内可不垫)，起吊时，边提升边校正起重机位置，使吊钩始终处于垂直状态。在被翻转构件翻转瞬间，应随即落钩，以防构件在重力矩作用下，对起重机产生冲击及使构件连续倾翻。

4. 带锥度容器的翻转

带锥度容器制作及运输放置时，为了稳定一般为大头朝下，而安装位置一般正好相反，即常需将容器翻转 180°，翻转方法如图 6-14 所示。

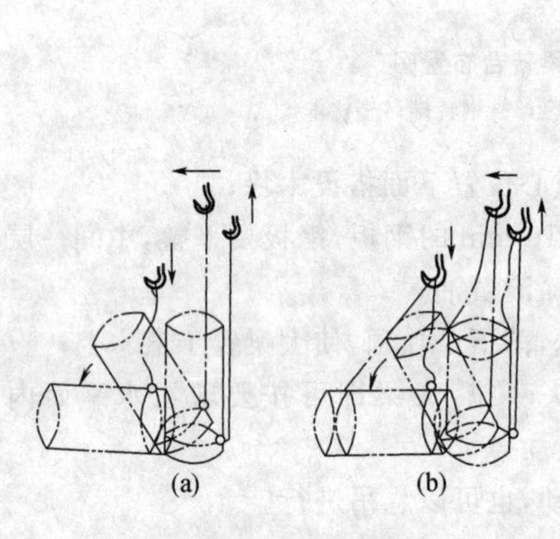

图 6-13 构件兜翻

(a)不带副绳；(b)带副绳

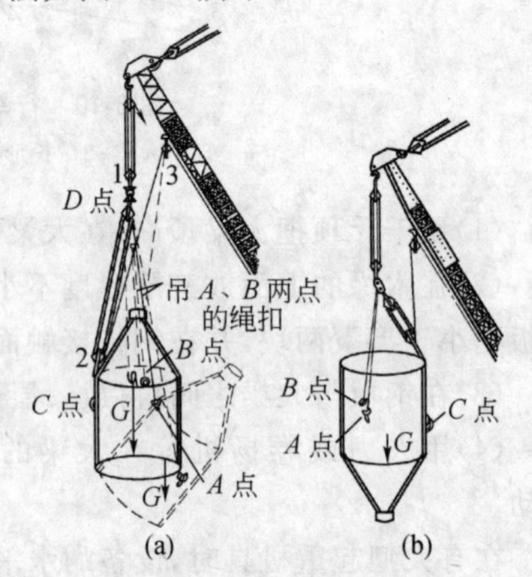

图 6-14 带锥度容器翻转示意图

(a)空中翻转法；(b)翻转后的空中情况

1—主滑车组；2—翻转滑车组；3—导向滑车

图 6-14 中 A、B、C 三点为容器的三个吊耳，其在圆周上呈三等分：在 A、B 两点用一根绳扣拴好，挂在主吊钩上，同时在 C 点用一套滑车拴好挂于主吊钩下端部卸扣 D 点处，滑车组的跑绳头挂在辅助吊钩上，当容器随着主吊钩上升时，辅助吊钩也随着上升，并保持滑车组稍收紧即可，当容器需翻转时，主吊钩停止上升，辅助吊钩继续缓慢上升，这时容器就以 A、B 两点为轴旋转(如图 6-14 所示中虚线位置)直至 C 点转到 180°时为止，这时容器就被翻转过来。

为了保证容器在翻转过程中不至于突然倾翻，要使 A、B、C 三个吊点的位置略高于容器的重心，而且 C 点还得略高于 A、B 两点，只有这样在翻转过程中重心才能始终滞后于 C 点，以保证容器稳定地翻转。

第四节 设备就位与校正固定

设备吊装就位前，基础应进行交接验收，基础中间交接验收时，土建应交付基础实测中心、标高及几何尺寸、基础竣工记录资料等，基础验收合格即可进行设备就位。

一、设备就位

设备就位是指根据安装基准线把设备安放在正确的位置上，即设备安放在平面的纵、横向位置和标高须符合一定要求。设备就位后底座与基础间有时需要灌浆处理，为使灌浆质量得到保证，设备就位前应将其底座面的油污、泥土等脏物以及地脚螺栓预留孔中的杂物除去，灌浆处的基础或地坪表面应铲成麻面，被油沾污的混凝土应予以铲除。

设备的定位基准线一般为设备的中心线，即设备的对称中心轴线，设备就位时应使设备上的定位基准线与基础上的安装基准线对准，其偏差值控制在允许的范围之内，设备就位后，应放置平稳，防止变形，对重心较高的设备应采取措施防止摆动或倾倒。

机械设备安装在基础上的方法可分为有垫铁安装法和无垫铁安装法两类。

有垫铁安装法是借助设备底座与设备基础之间的垫铁组找平设备，并将设备的载荷传给基础。它操作简便，调整方便，对二次灌浆层要求不高，目前许多机械设备的安装均采用此种方法。它的缺点是由于使用垫铁而需耗用大量钢材。

无垫铁安装法在设备底座与基础之向没有垫铁，设备重量完全由二次灌浆层承担并传给基础，这种方法增大了基础与设备底面的接触面面积，受力均匀，对于节约钢材亦有一定意义。

无垫铁安装法的安装过程与有垫铁安装法的安装过程大致相同，不同的是设备与基础之间没有垫铁，待设备找正找平找标高的调整工作完毕，地脚螺栓拧紧后，即可进行二次灌浆。在二次灌浆层养护期满，达到应有强度后，便把作调整用的调整螺钉、斜垫铁、调整垫铁全部拆除，将留下的空间灌满灰浆，并再次拧紧地脚螺栓，同时复查标高、水平度和中心线的正确性，无垫铁调整法对安装人员的技术要求较高。

二、设备的找正找平

设备找正找平工作贯穿于整个设备吊装过程之中，在设备搬运到基础之前，应根据起吊机具的方向，确定设备就位后人孔及其孔管线接头的方位等，在设备上做好中心标记，测出基础四周的标高，基础四周标高一般应比设备实际就位后底面设计标高低 30～50 mm，以放置斜垫铁和平垫铁等，便于在设备安装后找平时调整使用，同时应检查地脚螺栓丝扣是否清洗干净、有无损坏，螺栓的高度及中心距是否合乎设计要求。

如前所述，基础检查合格后即可进行起吊，起吊时将设备逐渐移向基础，当提升设备超过地脚螺栓高度后，使设备底座孔对准地脚螺栓，然后缓慢落下设备，拧紧螺栓。

对于立式静止设备，在安装时须保持其主体的垂直度达到规范要求，操作中一般使用经纬仪在互成 90°两个方向进行找正，要求垂直度不大于 1/1000，总误差不得超过 15 mm，对于整体吊装的组合设备，还要检验其水平度，使其亦同时达到一定要求。

三、设备的校正工作

设备吊装完成后应对设备进行校正，这里以塔类设备为例介绍设备校正的步骤和方法，一般塔体均安装在垫板上，在吊装机具未拆除之前应及时进行塔体的校正工作，主要内容包括标高和垂直度的检查。

1. 标高检查

由于经过验收的设备其各个位置至底座之间的距离均已知，所以检查设备标高时，只需测量底座的标高即可，检查时可用水准仪和测量标尺来进行，若标高的差值较大，可用千斤顶或起重机进行起落调整，差值较小时，可直接用斜垫铁，通过大锤敲打，来调整标高。

2. 垂直度检查

垂直度检查常用两种方法：一是铅垂线法，由塔顶互成 90°的两个方向吊铅垂线到底部，然后在塔顶和塔底部取两点或若干点，用钢尺量其距离，比较相互差距是多少，符合规范要求即可。若有问题则调整垫铁，使垂直度达到要求。第二种方法是用经纬仪从上下检测塔壁的垂直度误差值。这种检测法最好在上部焊一根凸出来 100 mm 的角钢，下部也焊一根角钢，长度为 200 mm，其中标上 100 mm 的刻度，经纬仪先对好上部伸出来的 100 mm 处，然后返到下边，测量刻度是否在角钢刻度 100 mm 处。如在 100 mm 内或外，则说明塔有偏移，不完全垂直，此时可用桅杆或垫铁来调整。

第七章　安装起重工安全操作技术

第一节　通用起重安全技术

(1)起重施工前参与施工人员须熟悉工程内容,使施工人员做到四明确:工作任务明确;施工方法明确;起重重量明确;安全事项及技术措施明确。

(2)施工准备中应认真检查,维护好所需的全部起重机械、机具和工具,确保其性能良好,使用可靠;准备好符合要求的劳动保护用品,严禁使用有质量问题的安全防护用品。

(3)凡离地面 2 m 以上的操作均称为登高作业,高空作业前应检查和维护所使用的安全带、梯子、跳板、脚手架或操作平台,安全帽、安全网等登高工具和安全用具。

(4)使用梯子登高,梯子中间不得缺档(层),梯脚要有防滑措施,梯子与地面倾斜度夹角应在 60°～75°之间,使用人字梯时下部必须挂牢,其张开角一般在 45°～60°范围内。

(5)在高空动火作业(如电焊、气割、烘烤等),必须事先移开操作面下方的易燃易爆品,并有足够的安全距离,现场须有监护人员。

(6)多层作业时,操作者的位置应相互错开,传递工具应放入工具包(袋内)用吊绳操作,严禁上下抛掷工具或器材。进行交叉作业时,必须设置安全网或其他隔离措施。

(7)凡在高空平台作业,必须装设围栏,栏杆高度不应低于 1.2 m。大雨及六级以上大风时,严禁登高作业,若因抢修,必须采取有效的高空作业安全措施。

(8)采用“吊篮、吊筐”登高作业时,必须有专人指挥升降,传递信号应准确,卷扬机操作者应为责任心强的熟练工人,所有起重机具及吊篮、吊筐的性能良好可靠。起吊时要平衡,不得中途发生碰挂,且应有保险装置,对载人的索具及承力部件必须按构件(设备)吊装时所取的安全系数值再加大 1～2 倍选用。

(9)吊装易燃易爆和其他危险品时,应有可靠的安全措施和隔离措施。

(10)装卸货物使用的跳板应坚固,搭设跳板的坡度不得大于 1∶3,跳板下端应顶牢,防止发生事故。

(11)施工现场气焊、气割作业要用到乙炔(C_2H_2)气体,乙炔是易燃易爆气体,在温度加 0℃以上或压力在 0.5 MPa 以上遇火就会爆炸,起重作业中要注意到这些特性,注意使用安全。

第二节　施工作业安全技术

在设备、构件、容器、反应塔等吊装过程中，起重机具和起重机械的选择、重物的运输、装卸和吊装是占用工期较长的一道工序。特别是大型吊装，不但工期长，而且需要的机具、索具和劳动力多，操作也比较复杂。因而是安全上不可忽视的重要环节。

一、起重级别的分类及有关规定

一般起重吊装工作按吊装重量分为三级：大型设备、构件的起重与吊装为400 kN以上；中型设备、构件的起重与吊装为150～400 kN；一般小型设备、构件的起重与吊装为150 kN以下。

如果起吊的设备、构件形状复杂、刚度小、细长比大、精密且贵重、施工条件特殊且困难，应提升一级。

在起重运输和吊装大型设备及构件时，必须编制施工方案；中型设备和构件的起重运输和吊装要有技术措施；小型设备、构件的起重运输和吊装，在思想上不能麻痹大意。

二、起重安全技术

1. 滑车和滑车组的安全技术

(1)严格遵照滑车出厂安全起重量使用，不允许超载。如无滑车出厂安全起重量时，可进行估算，但此类估算的滑车只允许在一般吊装作业中使用。

(2)滑车在使用前应检查各部分是否良好。对滑车和吊钩如发现有变形、裂痕和轴的定位不完善，应不予使用。

(3)选用滑轮组时，滑轮直径的大小、轮槽之宽窄应与配用的钢丝绳直径大小相适应。如滑轮直径过小，将会使钢丝绳因弯曲半径过小而受损伤，因而缩短钢丝绳使用寿命。如滑轮轮槽太窄，钢丝绳过粗，将会使轮槽边缘受挤而损坏，钢丝绳也会受到损伤。滑轮直径与钢丝绳直径的比例可参见表7-1。

表7-1　滑轮最小允许直径 D

驱动方式		滑轮最小容许直径 D/mm
人力		$\geqslant 16d$
机械	轻级	$\geqslant 16d$
	中级	$\geqslant 18d$
	重级	$\geqslant 20d$

(4)在受力方向变化较大的地方和高空作业中，不宜使用吊钩式滑车，应选用吊环式滑车，以防脱钩。如用吊钩式滑车时，必须采用小铅丝封口。

(5)滑轮在使用过程中，应对滑轮轮轴进行定期加油润滑。这样既能在工作时省力，又能减少轴承磨损和防止锈蚀。

(6)根据起重量选用滑车组的门数，同时还必须兼顾到滑车组引出端钢丝绳拉力必须小于牵引设备拉力。重物提升到最高点时，绕绳总长度要小于牵引设备卷筒的容绳量。采用多门滑车组时，钢丝绳的穿绕方法对起吊的安全和就位有很大的影响，因此应考虑吊重及牵引设备的牵引能力。钢丝绳在滑车组中穿好后，要逐步收紧钢丝绳并试吊，检查有无卡绳、穿错和钢丝绳相互摩擦的地方，如有不妥，应立即调整。

(7)重物提到最高点时，定滑车和动滑车的间距要大于安全距离，并且钢丝绳的偏角不能大于4°～6°，按如下公式计算。

$$\alpha \leqslant \arctan \frac{2\tan\beta}{(1+D/0.7h)} \tag{7-1}$$

式中　α——钢丝绳偏角；

β——轮槽开口角度的一半；

D——滑轮直径(m)；

h——轮边到轮槽底的距离(m)。

上述各项字母见图7-1。

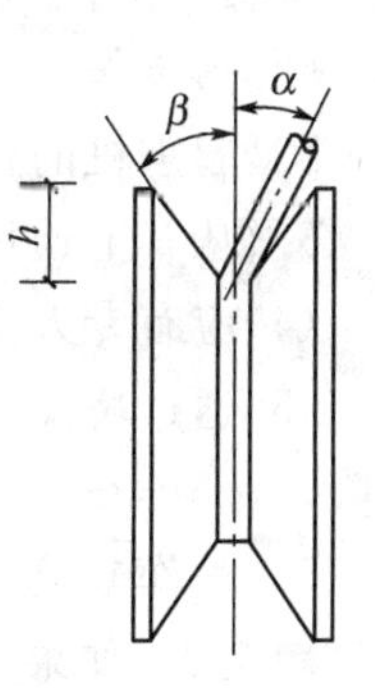

图7-1　钢丝绳的偏角

2. 卷扬机的安装及注意事项

电动卷扬机的安装及注意事项如下。

(1)安装时，安装位置应选择在视野开阔、指挥人员和卷扬机操作者便于观察的位置。如卷扬机配合桅杆操作，安装位置应距桅杆底座中心距离为桅杆高度的2倍以上。

(2)在卷扬机前安装的第一个导向滑轮中心线应与卷筒中心线垂直，并与卷筒相隔一定距离，如图7-2所示。其距离上应大于卷筒宽d的20倍，才能保证钢丝绳绕到卷筒两侧时偏斜角不超过1°80′，这样钢丝绳在卷筒上才能顺序排列，不致斜绕和相互错叠挤压。

(3)卷扬机的固定应尽量利用附近建筑物或地锚，尾部采用钢丝绳封锁固定，固定后卷扬机不应有滑动或倾覆等现象产生。当牵引力较大时应在卷扬机前面搭设支撑，防止卷扬机单面受力引起偏斜。

(4)卷扬机的电气控制要放在操作人员身边，电气设备要有接地线，以防触电。所有电气开关及转动部分必须有保护罩保护。

(5)工作完毕后，应放松跑绳，切断电源，控制器放回零位。中间暂时停用

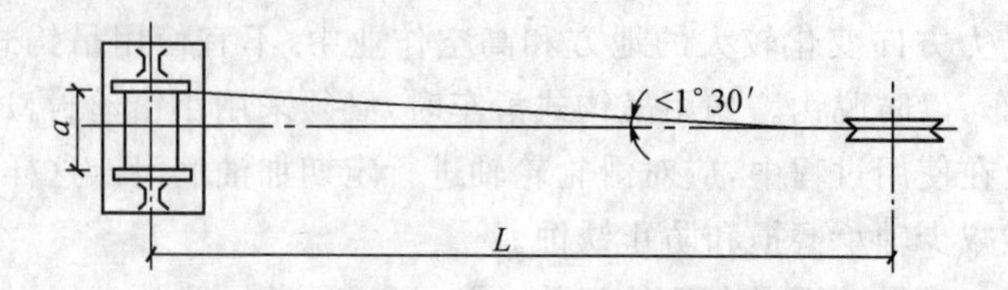

图 7-2　卷扬机与第一个导向滑轮距离图

时，除切断电源和将控制器放回零位外，还要用保险闸制动刹紧。

3. 汽车式、轮胎式、履带式起重机使用注意事项

(1)起重作业中要做到“五不吊”：手势不清不吊；重量不明不吊；超载不吊；视线不明不吊；重心不明或捆绑不牢不吊。

(2)吊装作业中，起重臂下严禁站人。

(3)起重机的行走路线与作业停靠点应与地下电缆、管道和地沟保持一定距离，必须从其上通过时，应采取防范措施。

(4)应有专人指挥，使用统一的指挥信号，由具备资格的专人操作。

(5)通过桥梁、桥洞时，应先检查桥的负荷量和桥洞高度再通过，以防发生危险。

(6)吊车在高压线下面作业时，吊臂、钢丝绳和起重物等与高压线的最近距离见表 7-2。如果起重臂或吊物不慎触到电线时，司机首先应尽快脱开电源，若无法脱开，司机也不能惊慌失措而跳下地面。其次，现场施工人员应把危险区围好，且尽快通操纵开关，双脚并拢跳下(不能跨步行走)，跳离危险区。

表 7-2　物体与高压线的最近距离

输电线路电压/kV	1kV 以下	1～20kV	35～110kV	154kV	220kV
允许与电线的最近距离/m	1.5	2	4	5	6

(7)汽车式起重机吊装一般不准负重行驶；轮胎式吊车可以在短杆情况下负重行走，但吊重负荷在 75%额定负荷之内。此时，臂杆必须对准正纵向轴线方可行走。履带式起重机也应尽可能避免吊物行走。若迫不得已时，应将起重臂旋转到与履带平行的方向，缓慢行驶，吊物行走时，被吊物离地不得超过 200 mm，重物不准超过吊臂在该位置额定负荷的 2/3。

(8)采用多机抬吊时，吊机位置应严格在所定回转半径以内定位，各吊杆间要保持足够的安全距离，在运转过程中不能发生碰撞情况。当各吊机的起升速度不一样时，应对起升速度快的一台吊机安排间断停顿的过程，停顿的时间和时刻应掌握在所增加的吊荷重不超过本机吊荷能力 20%范围内，各吊车只能按额定起重能力的 80%计算和分配负荷。

(9)起重机在边坡或坡边工作时,应与坑边保持一定的安全距离,一般为坑深的1.1～1.2倍。

(10)夜间施工,现场应有足够的照明。

(11)吊重时,钢丝绳应垂直起吊,不准斜吊。不准在起吊中扳动或调整支腿,如必须找平机身时,应先将重物放下。

(12)不准用起重机吊拔埋在地下或冻结在地面、设备上的东西。

(13)吊起重物后,司机不准离开操作室,运行中不准维修起重机。

(14)每班工作前进行一次空载试验,并检查吊重和变幅钢丝绳有无缺陷,各部件是否灵活可靠,限位和报警装置是否灵敏有效。

(15)遇7～8级台风时,必须停止作业,并要卸下载荷把起重臂放在托架上。

(16)雨天、雪天制动器易失灵,落钩要稳要慢。

(17)起升卷筒上的钢丝绳,在任何情况下不得少于3圈。

(18)起重机的吊索应保持垂直起吊,吊钩起落应平稳,在操作中应尽量避免紧急刹车或冲击。

(19)起重机有满载或接近满载时,在指挥和操作上应禁止同时做两种操作机械动作,并且还须控制回转范围,一般要求是不宜超过90°。

(20)起重机应尽量避免在倾斜的场地上吊起重物旋转,起重机停妥后,其支腿应垫实,允许斜度不得大于3°。

(21)起重机的管理、操作和维护等,须遵照有关安全技术规程以及随机携带的技术文件。

4. 桅杆式起重机的安全技术

(1)桅杆的水平移动移动的路线应平整、坚实。桅杆底座下铺设的枕木应按移动方向排列,接头应错开,以利滑移或滚杠滚动时的牵引。采用间歇移动时,其桅杆倾斜幅度不得超过桅杆高度的1/5;如采用连续移动时,则为1/20～1/15。桅杆底部须配置制动索具和牵引索具。在移动过程中,应先放松移动方向后面的几根,再收紧前面几根,以防止个别缆风绳受力过大。

(2)缆风绳桅杆缆风绳常采用6×37+1的多股钢丝绳,沿桅杆360°范围内布置。一般情况下,主缆风绳不少于3根,辅助缆风绳不少于2根,缆风绳与地面的夹角,地面开阔的以25°～30°为宜,场地狭小的以35°～45°为宜,最大不能超过45°。因夹角增大,会导致桅杆的轴向力和地锚的提升力加大,对工作不利。

(3)地锚的埋设必须根据拉力进行计算,并考虑相应的安全系数。重要的地锚,使用前要试拉。地锚应埋设在干燥的地方。如有水应挖排水沟。绑扎的钢丝绳的方向应和受力方向一致。在吊装时,要派专人检查,查守,发现有异常现象应立即采取措施。如利用现场建筑和设备基础等做地锚,应先经过估算和试拉,以免发生事故。

(4)桅杆吊装安装技术。

1)用桅杆进行吊装前,必须进行受力分析,或查表对比,以确保安全使用。

2)对桅杆安装位置,预先了解地质情况以及有无管沟、电缆沟等。若有,应采取相应措施。桅杆基础的负荷能力可采取相应措施予以改善,如用枕木加大受力面积,且地基应夯实平整,加垫枕木不得少于两层,并且要有排水措施。

3)桅杆柱脚处应垫牢,如有缝隙,应用木楔塞紧。

4)桅杆连接螺栓必须按要求配置,拧紧时,必须用标准扳手,按一定顺序交叉进行,以使螺栓受力均匀。所有螺栓应紧固,不得有松动现象。

5)桅杆应定期进行检修、刷油和润滑,发现缺陷必须消除,并将检查结果和处理情况记入桅杆档案卡片中。

6)正式吊装前,要进行试吊,离地面 200 mm 左右用人力晃动,停留约 20 分钟,确定各部分完好,方能正式起吊,在起吊过程中,要随时对各部件进行观察。

7)在输电线路附近作业时,桅杆各部分应与线路保持一定的安全距离,见表 8-2。

8)重物吊离悬空时间较长时,应采取措施(如支撑枕木堆或钢架等)。

9)桅杆的制造和安装,应按设计和国家颁发的钢结构施工及验收规范要求进行。桅杆的组装应以总装图及桅杆的方位编号顺序进行,桅杆的中心线偏差不大于长度的 1/1000,全长组装偏差不超过 20 mm。

10)重物的起升、下降、制动都应力求平稳,避免冲击现象。

5. 塔式起重机安全技术

塔式起重机工作特点是:塔身较高,行走、起吊和回转作业能同时进行,这类起重机比较突出的大事故是"折臂、倒塔"及拆装时发生事故。因此,对塔式起重机必须特别注意安全操作,加强维修和管理。其使用规程要点是如下。

(1)不准非司机开车;

(2)严禁超负荷吊运;

(3)严禁斜吊;

(4)风天作业,要防止风载造成倒塔。风力达到 6 级应停止作业,并将所有夹轨钳按规定拧紧;

(5)机上机下信号必须一致;

(6)加强维修和保养,确保各机构完好;

(7)轨道和地锚必须按技术规程安装;

(8)安全装置必须灵敏可靠;

(9)下旋式塔式起重机的回转平台与建筑物的距离不得小于 0.5 m,以防回转时挤伤人员。安装和拆除塔式起重机时,人员分工明确,专业人员统一指挥,是确保安全的关键。拆、装前还必须对路基、轨道、地锚等进行认真的安全技术检查。作业区内不准非工作人员进入，对区域内有碍作业的电线要先拆除，高处作业人员严格遵守高处作业的操作规程。

塔式起重机安装后，要组织全面检查和试验，确认达到安全技术标准，方能投入作业。塔式起重机验收时，必须进行无负荷试验、静负荷试验、动负荷试验。每项试验须做记录存查。

6. 缆索式起重机安全技术

(1)对承重量不清楚或新安装的缆索起重机，要经过超负荷10%的动载运行试验方可使用，并在醒目处标注允许承重及操作注意事项。

(2)承载索上应涂有稠厚的润滑脂和石墨粉的混合物，并定期添加，以减少摩擦阻力，延长使用寿命。

(3)使用前必须检查各部件的润滑和磨损情况，看转动是否灵活。

(4)承载索应设有调节其挠度的拉紧装置，承载索在两根以上的，必须有平衡装置，以便及时自行调整。

(5)两端支柱的非工作区段的长度，为整个缆索跨距的1/10，起重小车接近两端时，须低速行驶。

(6)承载索下挠度一般为跨度的1/15～1/20，试运行时应进行调整。挠度过大会造成起重小车行走困难；挠度过小，承载索所受的拉力会增大，从而降低其承载能力，承载钢丝绳的安全系数为$K=3.5\sim4$。

(7)斜缆索与地面的夹角应大于40°，以减少行走返回时间。

7. 冬季、雨期及高空作业安全技术

(1)在冬季施工，应专门制定保证工程质量和安全施工的技术措施，同时要随时掌握气候变化情况，以预先做好保护措施。其次在冬期施工，手僵脚冻，要注意拿稳工具，以防脱手，伤人伤物。

(2)在雨期施工，要对原有排水系统进行检查，该疏通的要疏通，该加固则加固，必要时可增加排水措施，对现场道路要保证畅通，挖基坑时，要注意边坡的稳定性，必要时可适当放缓边坡或设支撑。

(3)高空作业安全技术。

1)参加高空作业人员须经医生体检，合格者才能进行高空作业。登高作业前严禁饮酒。

2)凡在离地3 m以上的地方进行作业，均视作高空作业，应遵守高空作业有关规定，并系带安全带。

3)安全带使用前应认真仔细检查，并且定期(每隔6个月或1年)进行静负荷试验，试验荷重225 kg，试验时间5分钟。试验后检查有无变形和破裂等状况，并将试验结果和日期记录在试验过的安全带上。

4)安全带挂钩和绳子应扣系在牢固结实的构件上。

5)进行高空作业前,应预先搭设脚手架或采取隔离措施防止坠落。

6)在高空搭设的脚手架上的跳板,一定要把两头绑牢,不准出现翘头板。

7)在容器顶、高空独根横梁、屋面、屋架以及在其他危险边缘进行工作时,在临空一面应装设栏杆和安全网。

8)施工人员在进行高空作业时所带工具、材料应放在工具袋内,并拴好安全绳。较大的工具应将安全绳捆在牢固的构件上,不应随便乱放,以防工具从高空坠落造成事故。

9)高空作业人员不准随意往下扔抛工具和物件,要将工具和物件用麻绳把它们拴好慢慢放下。

10)在进行高空作业时,除有关人员外,其他人员不许在工作地点的下面逗留和通行。工作地点下面应有围栏或其他保护装置,以防落物伤人。

11)禁止登在不坚固的结构上进行高空作业,为了防止误登,应在这种结构的必要地点挂上警告牌。

12)6 级以上大风、暴雨、打雷和大雾等天气,应停止露天高空作业。

13)高空作业必须穿防滑鞋,并禁止穿大裤管,最好能扎绑腿带。

14)在高空作业中,严禁开玩笑或打闹等与作业无关的现象出现。

15)用梯子时,梯子不得缺层,顶端应用绳子结牢在支靠体上,支靠体本身应稳固,梯脚要包扎防滑,梯下要有人监护,梯子靠的斜坡在60°左右为宜,每次梯子只能一人登攀工作。使用“人字梯”时,必须挂牢挂钩或中间扎牢。

16)在易燃、易爆、有毒气体的厂房上部及塔罐顶部施工时,应有专人监护。

17)直接攀登高大塔罐、烟筒的爬梯施工时,必须经过安全技术部门批准,并采取安全可靠防范措施。

18)高空作业人员,必须注意作业上下左右,凡有电线,应进行隔离安全措施,并要防止运送导体材料触碰电线。

8. 起重施工安全技术措施

(1)重物绑扎要求。要求绑扎好的重物在吊装时不发生永久变形、脱落或断裂现象,有棱角或特别光滑的物体在起吊时,应在绑扎处加以包垫,以防钢丝绳滑脱。绑扎吊物时,吊钩应对准吊物重心。高空吊装重物时,应在重物上绑扎溜绳,以控制重物的悬空位置。直径较大且较高的物体进位后,应拉缆风绳作临时固定。

(2)重物的吊装。

1)凡参加施工的人员,必须熟悉起吊方法和工程内容,按方案要求进行施工,并严格执行规程规范。在施工过程中,施工人员必须具体分工,明确职责。在整个吊装过程中,要遵守现场秩序,服从命令听从指挥,不得擅自离开工作岗位。

2)在吊装过程中,应有统一指挥信号,并且全体施工人员熟悉。整个现场由总指挥调配，各岗位分指挥应正确执行总指挥的命令。

3)吊装前要做好现场清理工作，以利操作。

4)施工人员必须正确带好安全帽，登高作业人员还必须系好安全带。

5)带电的电焊线和电线要远离钢丝绳或设有保护架。

6)在吊装前，应与当地气象站联系了解天气情况，一般不得在雨天、雾天或夜间工作，如迫不得已时，须有防滑装置，备有充分照明措施。严禁在风力大于6级时吊装。

7)在施工中不得在下列构筑物上系结索具。

①输电塔及电线杆。

②生产运行中的设备及管道支架。

③树林。

④不符合使用要求或吨位不明确的地锚。

8)吊装前应组织有关部门根据施工方案的内容共同进行全面检查，其检查内容如下。

①施工机索具的配置与方案是否一致。

②隐蔽工程是否有自检、互检记录。

③设备基础地脚螺栓的位置是否符合工程质量要求，与设备裙座螺栓孔是否相符。

④施工场地是否符合操作要求。

⑤待吊装设备、构件是否符合吊装要求。

⑥施工用电是否能够保证供给。

⑦其他的准备工作如保卫、救护、生活供应、接待等是否符合要求。

检查后确认无误，方可下达起吊命令。

9)起吊前，应先进行试吊检查各部件受力情况，如正常方能继续起吊。在起吊过程中，未经现场指挥人员许可，不得在起吊物下面及受力索具附近停留和通过。

10)一般情况下，不允许有人随同吊物升降，如在特殊情况下需随同时，应采取可靠的安全措施，还须经领导批准。

11)吊装施工现场，非本工程施工人员严禁进入，施工指挥和操作人员均需佩戴标记。

12)在吊装过程中，如因故中断，则必须采取措施进行处理。

13)一旦起吊发生事故时，各操作者应坚守岗位，并协同保持现场秩序，做好记录，以便分析原因。

附录

附录一　安装起重工职业技能标准

第一节　一般规定

安装起重工职业环境为室内、室外及高空作业并且大部分在常温下工作(个别地区除外),施工中会遇有一定光辐射、烟尘、有害气体和环境噪声。

第二节　职业技能等级要求

一、初级安装起重工

1. 理论知识

(1)了解三视图的基本知识;

(3)掌握简单平面图的识读方法;

(4)了解力、作用力及反作用力、力学计算国际单位的概念;

(5)掌握麻绳与钢丝绳的种类及其应用范围及使用注意事项;

(6)掌握常用吊具(绳扣、滑轮、葫芦、千斤顶等)的选择及使用注意事项;

(7)掌握滑车及滑车组的构造及分类;

(8)掌握滑车及滑车组在起重作业中的作用;

(9)了解葫芦的使用注意事项;

(10)了解千斤顶的使用注意事项;

(11)了解卷扬机的使用注意事项;

(12)掌握施工现场基本安全管理制度;

(13)掌握建筑安全生产管理基本规定中关于施工企业和作业人员的义务的有关规定;

(14)掌握建筑安全生产管理基本规定中关于施工作业人员权力的有关规定;

(15)掌握起重作业安全规程;

(16)掌握一般施工用电、用火及消防安全常识。

2. 操作技能

(1)根据不同用途正确选择不同种类的绳索;

(2)根据绳索种类制作相应的绳扣；
(3)根据用途正确应用简单的绳索连接方式；
(4)正确使用扣具、索具对吊点进行连接；
(5)掌握铁葫芦的保养方法；
(6)掌握千斤顶的保养方法；
(7)掌握卷扬机的基本保养方法；
(8)能对卷扬机进行简单的试验。

二、中级安装起重工

1. 理论知识

(1)掌握三视图及投影规律基本知识,掌握平行投影法
(2)掌握建筑图的识读方法；
(3)了解机械配合的基本原理；
(4)掌握简单系统图、平面图、立剖面的原理；
(5)了解机械及建筑制图中常见线型；
(6)掌握力、作用力及反作用力、力学计算国际单位的概念；
(7)掌握力偶与力偶矩的定义；
(8)了解重心、摩擦力与惯性力的定义,惯性计算系数；
(9)掌握麻绳与钢丝绳的破断拉力计算方法；
(10)掌握钢丝绳末端的连接及计算方法；
(11)了解简单平衡梁的基本构造及作用；
(12)掌握葫芦的基本构造及其使用注意事项；
(13)掌握千斤顶的基本构造及其使用注意事项；
(14)掌握卷扬机的基本构造及其使用注意事项；
(15)了解简单地锚的类型及使用注意事项；
(16)了解简单缆风绳设置方法及要求；
(17)掌握自行式起重机基本参数、起重特性、安全装置及稳定性；
(18)掌握中、小型桅杆及桅杆组的组立、移位及放倒方法及工艺；
(19)掌握设备走排滑行运输的工艺及方法；
(20)掌握设备走排滚杠运输的工艺及方法；
(21)掌握简单起重作业操作脚手架搭拆方法及要点；
(22)掌握设备与构件的翻转工艺；
(23)掌握设备的就位与固定方法及要点；
(24)掌握简单柱及条型构件的吊装工艺及要点；
(25)掌握中、小型屋架的吊装工艺及要点；

(26)掌握简单民用常见设备安装程序及要点；
(27)掌握施工现场安全管理要求及方法；
(28)掌握起重及设备、结构等基本安全规程；
(29)掌握电气使用、用电、用火及消防安全常识；
(30)掌握施工一般作业过程中的安全管理理论。

2. 操作技能

(1)能够绘制简单物体的三视图；
(2)能够识读较简单的零件图；
(3)掌握简单机械配合的要点及方法；
(4)正确识读较简单民用泵房、燃油(气)锅炉房、直燃机房的安装图；
(5)能够进行摩擦力及较简单物体的重心；
(6)能够进行简单截面的在受拉(压)时的内力与应力计算；
(7)根据用途正确应用各类绳索连接方式；
(8)掌握葫芦的保养及简单维修方法；
(9)掌握千斤顶的保养及简单维修方法；
(10)掌握卷扬机的保养及简单维修；
(11)掌握卷扬机的试验方法；
(12)正确应用各种指挥吊装的指挥方法(哨音、手势及旗语)；
(13)根据需求搭拆简单起重操作用脚手架；
(14)根据吊装方案，制定较简单情况下的吊装工艺，确定吊装机具。

三、高级安装起重工

1. 理论知识

(1)掌握各种机械配合的原理及关系；
(2)掌握系统图、平面图、立剖面及其关系；
(3)掌握机械及建筑制图中常见线型及应用；
(4)了解静力学定理，掌握简单物体的受力分析方法；
(5)了解合力矩定理，力的平移定理；
(6)了解平面一般力系的简化与平衡，平面平行力系；
(7)掌握重心、摩擦力与惯性力的定义，惯性计算系数；
(8)了解掌握常见的材料基本变形方式；
(9)了解材料在轴向拉伸和压缩时的力学性质；
(10)了解剪切与挤压、扭转基本概念；
(11)了解受弯曲构件的变形形式及内力；
(12)了解压杆稳定的概念；

(13)掌握平衡梁的基本构造及作用；

(14)掌握起重滑车的受力控制，滑车及滑车组使用注意事项；

(15)了解桅杆起重机分类及性能；

(16)了解独立桅杆、人字桅杆、系缆式桅杆、龙门式桅杆、缆索式起重机各自特点及主要组成部件；

(17)掌握地锚的类型及设置注意事项；

(18)掌握缆风绳设置方法及要求；

(19)了解桥式、龙门式、塔式起重机的主要部件及作用；

(20)熟悉桥式、龙门式、塔式起重机的使用注意事项；

(21)掌握起重机吊装选择原则；

(22)了解如何控制双机组合吊装时的荷载分配及控制原理；

(23)掌握大、中型桅杆及桅杆组的组立、移位及放倒方法及工艺；

(24)掌握复杂起重作业操作脚手架的搭拆方法及要点；

(25)掌握柱及条型构件的吊装工艺及要点；

(26)掌握大型及复杂屋架的吊装方法及要点；

(27)掌握复杂民用设备安装程序及要点；

(28)了解并掌握中小型散装锅炉安装程序及要点；

(29)了解并掌握通用起重设备安装程序及要点；

(30)了解并掌握简单焊接连接及其计算方法；

(31)了解并掌握普通螺栓及高强螺栓连接及其计算方法；

(32)了解并掌握简单拼接连接及其计算方法；

(33)掌握施工作业过程中的安全管理理论；

(34)了解并掌握起重工作级别及其分类方法；

(35)掌握起重施工技术措施编制原则、依据及方法，了解起重施工方案编制原则、依据及方法；

(36)掌握施工技术措施主要内容。了解施工方案主要内容；

(37)了解并掌握施工技术措施管理要点；

(38)了解并掌握简单起重作业进度计划的编制方法及要点；

(39)了解并掌握简单起重作业进度计划的管理。

2. 操作技能

(1)能够绘制较复杂物体的三视图；

(2)能够绘制较简单物体的剖面图、剖视图；

(3)能够正确识读较复杂的零件图；

(4)能够正确识读简单设备的装配图；

(5)正确掌握机械配合的要点及方法；

(6)正确识读各类民用设备安装图；

(7)能够识读单层钢结构、小型网架结构安装图；

(8)能够识读大型吊装平面布置图；

(9)能够识读大型直燃机、制冷机组安装图；

(10)利用建筑结构吊装小型设备平(立)面布置图的绘制；

(11)建筑物内设备水平、垂直运输平(立)面布置图的绘制；

(12)较简单单机(桅杆)吊装平面图的绘制；

(13)简单平衡(吊)梁制作图的绘制；

(14)绘制简单物体的受力分析图；

(15)应用力的三角形法和解析法进行简单平面力系的计算；

(16)能够进行复杂物体的重心计算；

(17)能够进行较复杂截面的在受拉(压)时的内力与应力计算；

(18)滑车及简单滑车组的受力计算；

(19)简单滑车组的连接方法和钢丝绳的穿绕及钢丝绳长度计算；

(20)根据实际情况制定单机或简单情况下吊装工艺；

(21)根据实际情况确定桅杆的组立、移位和放倒的工艺并组织实施；

(22)根据实际情况制定设备走排运输工艺，确定机具；

(23)根据需求搭拆较复杂的起重用操作脚手架；

(24)根据实际情况，制定吊装技术措施并能组织实施；

(25)能进行普通螺栓、高强螺栓、焊接及搭接连接计算；

(26)能够对施工工艺进行可行性、经济性、易用性进行定量评估，找出综合性能最优化的方案；

(27)在给定的条件下，能够编制完整可行的作业指导书，对施工过程的安全，质量、工艺过程进行全方面、有效的指导；

(28)能够编制一般起重作业相应的安全管理制度；

(29)编制起重作业相关安全技术措施；

(30)能够对简单起重吊装施工进行安全管理；

(31)能够编制一般起重吊装技术措施；

(32)能够正确应用管理知识进行一般吊装施工的施工管理。

四、安装起重工技师

1. 理论知识

(1)掌握较复杂物体的受力分析方法；

(2)掌握合力矩定理，力的平移定理；

(3)掌握平面一般力系的简化与平衡，平面平行力系；

(4)掌握常见的材料基本变形方式；
(5)掌握材料在轴向拉伸和压缩时的力学性质；
(6)掌握剪切与挤压、扭转基本概念；
(7)掌握受弯曲构件的变形形式及内力；
(8)掌握压杆稳定的概念；
(9)熟悉桅杆起重机分类及性能；
(10)熟悉独立桅杆、人字桅杆、系缆式桅杆、龙门式桅杆、缆索式起重机各自特点及主要组成部件；
(11)熟悉桥式、龙门式、塔式起重机的主要部件及作用；
(12)了解如何控制多机组合吊装时的荷载分配及控制原理；
(13)了解并掌握较简单的单桅杆吊装工艺；
(14)了解并掌握较简单的双桅杆吊装工艺；
(15)了解并掌握大型散装锅炉安装程序及要点；
(16)了解并掌握特大型及特殊起重设备安装程序及要点；
(17)了解并掌握单层钢结构及钢网架结构施工工艺；
(18)了解并掌握多层及高层钢结构安装施工工艺；
(19)了解并掌握较复杂焊接连接及其计算方法；
(20)了解并掌握各类螺栓联接及其计算方法；
(21)了解并掌握各种拼接连接及其计算方法；
(22)掌握起重施工方案编制原则、依据及方法；
(23)掌握起重施工方案主要内容，了解起重施工组织设计主要内容；
(24)了解并掌握起重施工方案管理要点；
(25)了解并掌握大、中型起重作业进度计划编制的要点及方法；
(26)了解并掌握大、中型起重作业进度计划的管理。

2. 操作技能

(1)能够绘制较复杂物体的剖面图、剖视图；
(2)能够正确识读较复杂设备的装配图；
(3)能够识读较复杂的单层钢结构、小型网架结构安装图；
(4)能够识读多层钢结构、大型网架结构安装图；
(5)能够识读大吨位散装锅炉安装图；
(6)能够识读复杂大型吊装平面布置图；
(7)能够识读桥式、门式、塔式及缆索式起重机安装图；
(8)较复杂的利用建筑结构吊装设备平(立)面布置图的绘制；
(9)较复杂的建筑物内设备水平、垂直运输平(立)面布置图的绘制；

(10)较复杂单机(桅杆)吊装平面图的绘制；

(11)较简单双机(桅杆)联合抬吊平(立)面布置图的绘制；

(12)较简单大型单层厂房钢结构吊装平面布置图的绘制；

(13)较复杂平衡(吊)梁制作图的绘制；

(14)绘制复杂物体的受力分析图；

(15)应用力的解析法进行较复杂平面力系的计算；

(16)剪切与挤压应力、强度计算、校核；

(17)简单受弯构件的强度计算与校核；

(18)简单压杆的稳定性计算及校核；

(19)简单平衡梁的设计、强度计算及校核；

(20)简单受力情况下板式吊耳的设计、强度计算及校核；

(21)大型滑车组的受力计算；

(22)复杂或大型滑车组的连接方法和钢丝绳的穿绕及钢丝绳长度计算；

(23)桅杆的基础及地面承载力计算；

(24)制定桥式、龙门式及塔式起重机安装工艺，组织施工及组织试运转工作；

(25)根据实际情况制定两台及两台以上相同或不相同起重机械组合情况下吊装工艺；

(26)根据实际情况确定双桅杆或复杂桅杆的组立、移位和放倒的工艺并组织实施；

(27)根据实际情况选择并制定单桅杆吊装工艺；

(28)根据实际情况选择并制定简单情况下双桅杆吊装工艺；

(29)根据实际情况制定复杂情况下设备走排运输工艺，确定机具；

(30)能进行各类螺栓及较复杂焊接、搭接连接计算；

(31)对四新技术的应用，能够提出针对性的意见；

(32)善于利用四新技术提高作业效率；

(33)能够根据不同条件，对施工机具进行改造，提高使用效果；

(34)能够对施工工艺进行总结，提出改进意见并加以应用；

(35)能够编制各类起重作业相应的安全管理制度；

(36)能编制复杂或大型起重作业安全技术措施；

(37)能够正确应用现场安全管理知识对施工现场进行安全管理；

(38)能够编制较复杂的起重吊装技术措施；

(39)能够参与大型或较复杂起重施工方案的制定并确定吊装工艺；

(40)能够正确应用管理知识进行较复杂吊装施工的施工管理；

(41)能对大型吊装施工进行施工管理。

五、安装起重工高级技师

1. 理论知识

(1)了解计算机绘图软件并能利用；

(2)掌握复杂的单桅杆吊装工艺；

(3)掌握复杂的双桅杆吊装工艺；

(4)了解并掌握特殊及单层钢结构、钢网架结构施工工艺；

(5)了解并掌握特殊多层及超高层钢结构安装施工工艺；

(6)掌握起重施工组织设计主要内容；

(7)了解并掌握起重施工组织设计管理要点；

(8)了解并掌握特大型或复杂起重作业进度计划的编制方法及要点；

(9)了解并掌握特大型或复杂起重作业进度计划的管理。

2. 操作技能

(1)能够识读复杂多层钢及大型网架结构安装图；

(2)能够识读特殊及复杂起重机安装图；

(3)较复杂双机(桅杆)联合抬吊平(立)面布置图的绘制；

(4)较复杂大型厂房钢结构吊装平面布置图的绘制；

(5)简单复合应力的强度计算、校核；

(6)较复杂受弯构件的强度计算与校核；

(7)较复杂压杆的稳定性计算及校核；

(8)较复杂平衡梁的设计、强度计算及校核；

(9)较复杂受力情况下板式吊耳的设计、强度计算及校核；

(10)复杂条件下桅杆的基础及地面承载力计算；

(11)制定特殊或大型缆绳式起重机安装工艺，组织施工及组织试运转工作；

(12)根据实际情况选择并制定复杂情况下单桅杆吊装工艺；

(13)根据实际情况选择并制定复杂情况下双桅杆吊装工艺；

(14)能够快速了解并掌握新型设备的使用和维护方法；

(15)掌握常用非本专业常用设备的使用和维护；

(16)对起重工艺有创造性的改革；

(17)能够独立编写起重专业教材，有相应的培训和教授能力；

(18)能够参与特大型或复杂起重施工方案的制定并确定吊装工艺；

(19)能对特大型或复杂吊装施工进行施工管理。

附录二　安装起重工职业技能考核试题

一、填空题(10题,20%)

1. 大型设备吊装时,风速不能超过＿6＿级。

2. 孔的不偏差大于轴的上偏差的配合,叫做＿间隙＿配合。

3. 撬棍的使用原理＿杠杆原理＿。

4. 设备的吊装、翻身,吊装用钢丝绳的受力分配都要考虑＿设备的重心位置＿。

5. 班组管理中,机械设备的"三定"制度是指＿专人专机制、机长负责制,定人负责制＿。

6. 将部件、组件、零件连接组合成为整台机器的操作过程,称为＿总装配＿。

7. 人字扒杆,两杆夹角应控制在25°～35°,目的是＿受力合理＿。

8. 安全生产中"三宝"是指＿安全帽、带、网＿。

9. 选配滑轮和卷扬机的依据是＿设备重量及起吊速度＿。

10. 我们把两端铰接,杆上无外力作用,且杆的自重可忽略不计杆件,称为＿二力杆件＿。

二、判断题(10题,10%)

1. 人字桅杆,两腿夹角不得大于60°。(×)

2. 起重作业中,可以用大直径的钢丝绳凑合捆扎较小的构件,不可用小直径钢丝绳捆扎大物体进行吊装。(×)

3. 设备挂绳的要求,吊索(千斤绳)之间的夹角不应太大,一般不超过60°,对薄壁及精密设备夹角应更小。(√)

4. 滚杠运输设备、滚杠的数量和间距应根据设备的重量来决定。(√)

5. 油压千斤顶禁止作永久支撑。(√)

6. 动滑车可分为省时和省力两种。(√)

7. 麻绳的允许拉力 p,破断拉力 S_b,安全系数 k 之间关系可用公式表示为 $S_b=\frac{p}{k}$。(√)

8. 选择缆风绳的大小依据为将总拉力用力的分解方法分到每根缆风绳上,取其中单根缆风绳最小拉力为依据。(×)

9. 钢丝绳如出现断丝现象都应报废,不准使用。(×)

10. 钢丝绳内出现一股损坏仍可用于起重作业,而发生拧扭死结,则应报

废。（×）

三、选择题（20 题，40%）

1. 脚手架用的扣件，其材质是__D__。

A. 炭钢　B. 低合金钢　C. 铸铁　D. 可锻铸铁

2. 国道钢丝绳现已标准化，它规定了钢丝的抗拉强度分为__A__等级。

A. 4 个　B. 5 个　C. 6 个　D. 7 个

3. 在起重及运输作业中，可使用的材料，一般都是__B__。

A. 增加安全性　B. 补偿惯性力　C. 克服摩擦力　D. 克服冲击载荷

4. 起重的基本操作方法主要有：撬、顶与落、转、拨、提和__B__等 7 种。

A. 水平运输与扳　B. 滑与滚和扳　C. 滑与扳　D. 滚与扳

5. 麻绳一般用于__A__kg 以内的重物的绑扎与吊装。

A. 500　B. 600　C. 800　D. 1000

6. 平衡梁（又称铁扁担），可以负担__D__力。

A. 垂直分力　B. 轴向拉力　C. 侧向分力　D. 水平分力

7. 布置缆风绳时，应尽量使受力缆风绳与缆风绳总数比例较大为好，一般为__D__。

A. 20%　B. 30%　C. 40%　D. 50%

8. 起重工作级别，按重量划分为__D__级。

A. 6　B. 5　C. 4　D. 3

9. 在起重吊装中，钢丝绳捆绑点的选择主要依据是设备的__C__。

A. 重量　B. 外形尺寸　C. 重心　D. 用途

10. 每个绳夹夹紧钢丝绳的程度，以压扁钢丝绳直径__C__左右为宜。

A. $\frac{1}{5}$　B. $\frac{1}{4}$　C. $\frac{1}{3}$　D. $\frac{1}{2}$

11. 绳卡使用的数量应根据钢丝绳直径而定，但最少使用数量不得少于__B__。

A. 1 个　B. 2 个　C. 3 个　D. 4 个

12. 可以省力，又可以改变力的方向的是__D__。

A. 定滑车　B. 动滑车　C. 导向滑车　D. 滑车组

13. 代号为 H5×4D 型滑车表示的是__B__。

A. 额定起重量为 4t，滑轮娄是 4 门

B. 额定起重量为 5t，滑轮数是 4 门

C. 额定起重量为 20t，滑轮数是 1 门

D. 额定起重量为 1t，滑轮数 20 门

14. 我国规定安全电压为__A__V。

A. 36　B. 72　C. 110　D. 220

15. 使用手拉葫芦过程中，已吊起设备，需停留时间较长时，必须__A__，以防止时间过久而自锁失灵。

A. 将手拉链拴在起重链上　　B. 用人拉住手拉链

C. 将重物放回地面　　D. 将手拉链固定住

16. 卷扬机的操作者须是__C__。

A. 熟练的起重工　　B. 具有技术等级的起重工

C. 经专业考试合格，持证上岗　　D. 高级起重工

17. 为保证物体能够安全正常地工作，对每一种材料必须规定它所能容许承受的最大应力，这个应力称__B__。

A. 刚度　　B. 许用应力　　C. 极限应力　　D. 强度极限

18. 可以省力，而不能改变力的方向的滑车是__B__。

A. 定滑车　　B. 动滑车　　C. 导向滑车　　D. 平衡滑车

19. 采用滚杠运输设备时，设备的重心应放在托排中心的__B__位置。

A. 稍前一点　　B. 稍后一点　　C. 正中　　D. 稍前 2 m

20. 撬棍使设备翘起是利用了__B__。

A. 斜面原理　　B. 杠杆原理　　C. 摩擦原理　　D. 液压原理

四、问答题(5 题，30%)

1. 起重施工前，施工人员要做到“四明确”，其具体内容是什么？

答：“四明确”是工作任务明确；施工方法明确；起重重量明确；安全事项及技术措施明确。

2. 起重机械的选择原则是什么？

答：起重机械的选择原则：

(1)首先是劳动生产率、施工成本和作业周期；

(2)根据施工场地的条件来选择；

(3)最后是根据被起重物的重量、外形尺寸、安装要求尽量选用已有的机械设备。

3. 选用人字桅杆吊装时应注意哪些方面？

答：人字桅杆一般搭成 25°～35°(在交叉处)夹角。在交叉地方捆绑两根缆风，并在交叉处挂上滑车，在其中一根桅杆的根部设置一个导向滑车，使起重滑车组引出端经导向滑车引向卷扬机。桅杆下部两脚之间，用钢丝绳连接固定。如桅杆需倾斜起吊重物时，应注意在倾斜方向前方的桅杆根部用钢丝绳固定两脚，以免桅杆受力后根部向后滑移。

4. 安装施工过程中的事故原因主要有哪两个方面？

答：一是施工不安全因素和劳动保护方面的问题。

二是作业者本人的“不安全行为”,后者还受到疲劳、紧张、心态和环境影响等因素的支配。

5. 起重机械选择原则是什么?

答:起重机选择应根据起重作业的具体情况来确定,可按下列因素来考虑。

(1)首先是劳动生产率、施工成本和作业周期。应选择施工效率高、劳动强度低的起重机械。

(2)根据施工现场的条件来选择。

(3)最后是根据被起重物的重量、外形尺寸、安装要求,尽量选择已有的机械和机具,以节约施工成本和利用已成熟的施工经验。

参 考 文 献

[1]北京土木建筑学会.安装起重工程施工技术手册[M].武汉:华中科技大学出版社,2008.
[2]北京土木建筑学会.建筑工人实用技术便携手册.安装起重工[M].北京:中国计划出版社,2006.
[3]建设部人事教育司组织编写.安装起重工[M].北京:中国建筑工业出版社,2003.
[4]统编.安装起重工[M].北京:中国建筑工业出版社,2002.
[5]北京土木建筑学会. 建筑工程施工技术手册[M].武汉:华中科技大学出版社,2008.
[6]北京土木建筑学会.建筑施工安全技术手册[M].武汉:华中科技大学出版社,2008.
[7]杨嗣信.建筑业重点推广新技术应用手册[M].北京:中国建筑工业出版社,2003.
[8]建筑专业编审委员会.安装起重工(初级)[M].北京:中国劳动社会保障出版社,2003.
[9]建筑专业编审委员会.安装起重工(中级)[M].北京:中国劳动社会保障出版社,2003.